지구를 살릴 세계 최초 동물 네트워크 개발기

The Internet of Animals
동물 인터넷

지구를 살릴 세계 최초
동물 네트워크 개발기

The
Internet
of
Animals

마르틴 비켈스키 지음 박래선 옮김

동물 인터넷

Discovering the Collective Intelligence of Life on Earth

새들은 이동하면서 어떤 정보를 주고받을까? 그들은 대체 어디로 날아가는 것일까? 지진 전에 동물들의 행동이 정말로 달라질까? 이런 질문들에 대한 대답은 늘 빈곤했다. 그들의 이동과 행동을 추적하기 힘들었기 때문이다. 그러나 저자는 30여 년 전부터 다양한 동물들에게 원격추적장치를 부착하는 방식으로 인간의 밤낮과 상관없이 그들을 추적해왔다. 마땅히 인공위성도 추적의 도구였으며 동물 인터넷은 이렇게 탄생했다. 이 책은 마치 외계지적생명체 탐사^{SETI} 프로젝트를 시작한 천문학자 칼 세이건이 생태학자였다면 했을 법한, 위대한 범지구적 연구의 파란만장한 궤적이다. 차이가 있다면, 저자의 이카루스 프로젝트는 지구 동물에 대한 새로운 발견으로 '가득하다'는 점이다. 동물 생태에 관심 있는 독자는 말할 것도 없고 지구의 지속가능성을 걱정하는 성숙한 지구인 모두를 위한 탐험기다. 감히 이 책은 다윈이 살아 있다면 제일 먼저 듣고 싶을 만한 스토리다.

─장대익, 가천대 스타트업칼리지 석좌교수, 〈다윈의 식탁〉 저자

비켈스키는 역사상 그 누구보다 많은 개별 동물들을 알게 되었으며, 이 책을 통해 그 동물들이 우리에게 가장 중요한 이야기를 들려주도록 돕고 있다.

— 롤런드 케이스, 노스캐롤라이나주립대학 자연과학 박물관 연구교수 겸 책임자

다양성과 복잡성을 지닌 지구상의 생명 네트워크를 어떻게 하면 가장 잘 이해하고 보호할 수 있을까라는 저자의 중심 질문에 초점을 맞춰 개인적인 경험을 통해 최첨단 과학으로 가득한 흥미진진한 이야기를 생생하게 전달한다.

— 클라우스 할브로크, 전 막스플랑크협회 부협장

야생 동물을 추적하는 데 있어 가장 혁신적인 접근법을 개척한 비켈스키의 이야기는 흥미진진하면서도 감동적이다.

— 스콧 와이덴솔, 《날개 위의 세계》 저자

이 책은 지구상의 생명체에 대한 웅변적인 조감도다. 선구적인 생물학자 마르틴 비켈스키는 기술과 동물 행동의 최전선에서 경력을 쌓아왔다. 그의 모험적인 연구는 궁극적인 질문을 던진다. 모든 생명체의 집단적 지혜에서 우리는 무엇을 배울 수 있을까? 비켈스키의 이야기는 매혹적이고 상쾌할 정도로 낙관적이다. 나는 이 책을 순식간에 읽었고, 평생 동안 깊이 생각하게 될 것이다.

— 노아 스트라이커, 《국경 없는 탐조》 저자

마르틴의 이야기는 마치 사적인 대화를 나누는 듯한 현장감이 있다. 동물의 행동에 대한 매혹적인 삽화로 가득한 이 책은 낙관적이면서도 이상주의적인 미래 비전으로 마무리된다. 독자에게 많은 것을 생각하게 하는 설득력 있고 사려 깊은 책이다. 자연을 존중하고 자연으로부터 배우는 더 나은 세상을 추구하는 모든 이들에게 이 책을 강력히 추천한다.

—피터 그랜트 · 로즈메리 그랜트, 《40년간의 진화》 저자

이 책에서 지은이는 한 위대한 아이디어의 시련과 승리를 추적한다. 여러 종의 이동과 일상적인 행동을 우주에서 추적하는 것이다. 하지만 이카루스 프로젝트가 위성에 의존할지라도, 그 주인공은 비켈스키가 수십 년간 수행한 헌신적인 현장 연구에서 우러나온 멋진 이야기 속에서 생동감 있게 살아나는 지구상의 생물들이다. 이 책의 핵심은 과학 자체에 대한 사랑스러운 찬가로, 재치와 경이로움으로 풀어낸 이야기라는 데 있다.

—소어 핸슨, 《허리케인 도마뱀과 플라스틱 오징어》 저자

야생동물은 모든 대륙에서 급격히 감소하고 있다. 이 책에 소개된 경이롭고도 새로운 도구가 도움이 될 것이며, 이러한 도구가 만들어낼 수 있는 새로운 의식, 즉 지구를 경이로운 나머지 피조물과 공유하는 것이 얼마나 영광스럽고 특권적인지에 대한 진정한 인식도 도움이 될 것이다.

—빌 매키번, 《자연의 종말》 저자

대화를 나누면서 미국 동부의 들판 생태가 수천 마일 떨어진 전쟁 및 지정학과 교차한다는 사실에 놀라움을 금치 못했다. 이 작은 새들의 삶이 블라디미르 푸틴과 무슨 관련이 있을까? 너무 터무니없어 보이지만 지구가 얼마나 서로 연결되어 있는지를 극명하게 보여주는 사례이기도 하다.

마르틴 비켈스키는 이를 잘 알고 있다. 그는 힘겹게 이카루스 송신기를 개발한 독일 과학자로, 거의 30년 동안 센서를 착용한 동물과 동물이 생성하는 데이터의 네트워크를 구축해 인간이 모든 종류의 동물 경험을 접할 수 있는 '동물 인터넷'을 만들기 위해 노력해왔다. 비켈스키의 이 책은 이 네트워크를 설계, 구축 및 출시하기 위한 그의 탐구를 기록한다. 이 책은 과학이 어떻게 전개되는지, 생물학과 생태학에 대한 질문이 어떻게 우주 기관과 파시스트 정권에 얽히게 되는지, 몇 년이 어떻게 수십 년으로 사라지는지에 대한 흥미로운 개인적 이야기다. 뛰어난 생물학자인 비켈스키는 지칠 줄 모르는 기업가이자 훌륭한 스토리텔러이기도 하다. … 비켈스키가 수십 년의 경력을 바칠 정도로 동물 인터넷 구축이 중요한 이유는 무엇일까? 특히 서구에서 우리 자신의 이익을 위해 자연에서 무엇을 추출할 수 있는지의 관점에서만 자연을 바라보는 것은 파멸로 가는 길이다. 비켈스키는 "인간 진화의 다음 장"은 인간이 다른 종과 파트너임을 인식하고, 결정을 내릴 때 그들의 필요를 고려하며, "다른 종이 가진 지식을 우리 자신의 지식과 연결"하는 종간 시대라고 믿는다.

— 힐러리 로즈너, 〈뉴욕타임스〉, 〈내셔널지오그래픽〉 과학 저술가

피오나, 로라, 라리사, 우쉬에게

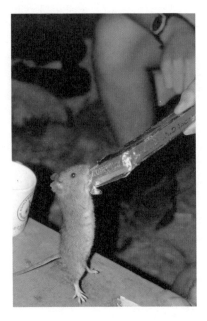

1990년대 초반, 갈라파고스 주민들과 친해지다.
늘 장난기 많은 쌀쥐.(위)
붙임성 좋은 바다사자.(아래)

1990년대 후반, 일리노이에서 차를 타고 무선인식표를 단 명금류를 추적하다.
젊은 빌 코크런이 인식표를 단 개똥지빠귀를 날리고 있다.

명금류 추적을 위해 개조한 차와 함께 있는 프린스턴대학교의 학부생 제이미 맨덜.

2000년대 초반 파나마, 자동무선원격측정시스템을 이용해 전체 생태계를 추적하는 방법을 배우다.
난초벌.(위) 양털주머니쥐.(아래)

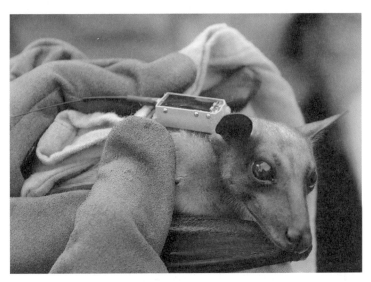

최신 이카루스 곤충 인식표는 잠자리에 부착한 무선인식표 크기와 비슷할 것이다.(위)
좀 더 몸집이 큰 동물들에게 부착할 인식표의 크기와 무게는 볏짚색과일박쥐에 단 무선인식표의 절반밖에 되
지 않을 것이다.(아래)

인식표는 제작하고 부착하는 과정에서 험하게 다루어도 버터낼 수 있을 정도로 튼튼해야 하고, 동물이 움직일 때 걸리적거리지 않도록 간결해야 한다. 노랑개코원숭이.(위) 금강앵무.(아래)

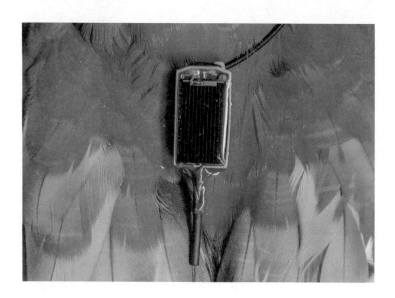

집 가까이에서는 가축에 부착한 인식표의 데이터를 통해 임박한 자연재해에 대한 알림을 받을 수 있다. 에트나산 근처의 염소.(위) 지진이 일어난 이탈리아 아브루초 지역에서 소와 함께 있는 우쉬 뮐러.(아래)

멀리 떨어진 곳에서는 오지를 돌아다니는 동물들에게 이카루스 인식표를 부착해 정보를 수집할 수 있다. 자연과 함께 살아가는 부탄의 기도 깃발은 사람들의 기도를 하늘로 전달하는 연결 고리다.(위) 사육사들과 관계 맺는 부탄의 타킨.(아래)

이카루스 인식표는 작은 동물부터 거대한 동물까지 세계 곳곳의 다양한 동물들에게서 데이터를 수집해 야생동물과 지구 그리고 우리를 보호하는 데 도움을 준다. 흰정수리멧새와 함께 있는 마르틴 비켈스키.(위) 코뿔소에 귀표를 다는 모습.(아래)

일러두기

— 본문의 각주는 모두 옮긴이의 것이다.

아름답고 맑은 3월 끝자락의 어느 날. 대한민국 남부지역 경상남도 고성의 낮은 산에서 어린 독수리Cinereous vulture가 생애 처음 상승 온난기류를 타고 날아오를 무렵 동해 바다 위로 해가 막 떠오른다. 이 어린 독수리는 곧 경험 많은 열다섯 마리의 다른 독수리 무리에 합류할 것이다. 이들 무리는 서울을 향해 북쪽으로 날아가 이내 휴전선을 넘어 북한으로 이동한 다음 평양 하늘을 높이 날아 몽골의 울란바토르까지 갈 것이다. 무리 중 두 마리는 사실 러시아 바이칼 호수 서쪽 이르쿠츠크가 내려다보이는 산까지 여정을 계속한다.

독수리 무리가 서울 상공을 지날 무렵, 자기들만의 여정을 떠난 저어새black-faced spoonbill 역시 서울을 지난다. 이동하는 이 두 무리는 공중에서 서로의 부름 소리를 듣고 상승온난기류를 탄다. 독수리는 육지의 따뜻한 상승기류를 이용하고, 저어새는 일생을 먼 바다를 오가며 살아온 새들이 알려주는 서해의 한 지점에서 상승기류를 찾는다. 저어새는 옌청에서 상하이 해안을 따라 거의 대만 가까이에 있는 원저우까지 남쪽으로 이동한다.

하늘에서는 예상 밖의 다른 새들의 부름 소리도 들을 수 있다. 뻐꾸기들은 앙골라에서 돌아오는 중이다. 녀석들은 최근 앙골라에서 스페인, 독일, 스웨덴, 러시아, 카자흐스탄, 몽골, 심지어 캄차카에서 온 동료들을 만나 정보를 나누었다. 한국 뻐꾸기들도 자기들만의 고유한 방언이 있기에 앙골라에서 동족을 만나면 서로의 출신을 알아볼 수 있다. 이렇게 나눈 정보로 어린 한국 뻐꾸기들이 아프리카 남부에서 아프리카의 뿔☆을 향하고, 거기서 아라비아해를 '건너' 인도 남부로 간다. 이후 여정은 방글라데시로 이동, 미얀마 지역을 가로질러 중국으로 향한다. 이곳이 바로 저어새가 서해를 건너 거의 정확히 자기들이 갔던 곳을 지나 다시 고향인 한국으로 돌아오기 전에 보는 마지막 땅이다. 이렇게 세계 곳곳을 여행하는 새들이 유라시아와 아프리카를 오가며 수집한 모든 중요한 정보를 생각해보자. 생물다양성과 기후 변화, 대기 질, 난기류, 새로운 인수공통전염병, 전쟁과 자연재해, 영원한 봄의 아름다움까지. 새들은 끊임없이 움직이며 이런 정보들을 모은다.

거의 비슷한 시기에 벙어리뻐꾸기Oriental cuckoo☆☆들은 지구의 또 다른 먼 곳에서 고향으로 돌아온다. 뻐꾸기와 아주 흡사하게 생긴 벙어리뻐꾸기는 호주에서 인도네시아, 필리핀, 대만을 거쳐 고향으

☆ 아프리카 동북부에 있는 에티오피아, 소말리아, 케냐 등 10개국을 지칭한다. 코뿔소의 뿔을 닮은 모양을 하고 있다.

☆☆ 일반적인 뻐꾸기 소리를 제대로 내지 못한다는 이유로 '벙어리'라는 이름이 붙었다.

로 온다. 세계를 여행하며 저마다의 경험과 드라마, 생존과 번식의 욕구를 가지고 고향 땅으로 돌아온 뻐꾸기는 그곳을 떠나지 않고 사는 박쥐, 살쾡이, 여우, 사슴, 박각시 등 고향 주민들을 만난다.

이들 동물은 세계 곳곳에 사는 동물 종을 서로 연결하고 이전에는 보이지 않던 동물들 간의 관계를 훤히 보여주는 새로운 범지구적 네트워크인 동물 인터넷Internet of Animals, IoA☆의 참여자 중 일부에 불과하다. 우리가 발 딛고 사는 이 지구 위의 생명을 감지하는 동물들에게서 얻은 새로운 지식을 통해 인간은 자연 세계에 더욱 깊이 참여할 수 있게 되었다. 이제 우리는 동물로부터 자연스럽게 배우는 동시에 우리가 지구에서 살아가며 의지하고 있는 동물들을 보호하는 데 기여할 수 있게 되었다.

뻐꾸기가 한국으로 돌아오면서 가지고 온 여행 보고서는 무선으로 무브뱅크Movebank(74쪽 참조)에 추가된다. 무브뱅크에는 이미 1500여 종의 동물들이 자기들의 데이터를 보내고 있다. 이 범지구적 상향식 데이터베이스에는 5000명 이상의 연구자, 환경보호 활동가, 동물 애호가가 함께 참여해 세계 곳곳의 동물로부터 이미 70억개 이상의 위치 기록과 80억 개 이상의 센서 측정값을 수집하고 있다. 이 모든 동물들의 삶은 디지털 기록으로 다시 태어나기 때문에 현재 14테라바이트에 달하는 데이터는 결코 손실되지 않을 것이

☆ 각종 사물에 센서와 통신 기능을 내장해 인터넷에 연결하는 기술인 사물 인터넷(Internet of Things, IoT)에서 비롯된 단어이다.

다! '동물 인터넷'으로 연결된 동물들은 지구 위에 사는 생명체의 삶을 디지털로 영구적으로 기록하는 데 참여한다. 매일 3만 마리의 동물로부터 대략 1기가바이트의 데이터가 동물 인터넷에 추가되고 있다.

한국어판 서문을 쓰고 있는 2024년 10월, 동물 인터넷은 이제 막 걸음마를 뗀 상태다. 하지만 앞서 말한 것처럼 한국에서 유럽, 남부 아프리카, 아라비아, 인도, 러시아, 중국은 물론 태평양까지 세계 곳곳을 연결하는 네트워크가 확연히 드러나고 있다. 수십 년 전에 시작되었지만 오늘날 모두에게 없어서는 안 될 온라인 날씨 예보처럼, '동물 인터넷'에서 얻은 정보도 이제부터는 모든 사람에게 꼭 필요한 정보가 될 것이다.

머지않아 이카루스ICARUS(108쪽 참조) 2.0 프로젝트의 일환으로 작은 규모의 큐브샛CubeSat 위성단衛星團이 다시 가동되어 1그램짜리 착용형 추적 인식표를 부착할 수 있는 거의 모든 동물에게서 온 지구를 아우르는 데이터를 추가로 수집하게 될 것이다. 전 세계 동물 집단에 '사물 인터넷' 기술을 적용하는 임무를 맡고 있는 위성단의 첫 번째 위성은 이미 조립을 마치고 로켓 발사를 위한 진동 테스트 중이다. 한국산 주요 전자부품이 들어간 초소형 야생동물 인식표는 현재 테스트 및 최적화 중이며, 2025년 가을 이카루스가 다시 가동되면 제 몫을 다할 것이다.

한국은 유라시아와 태평양의 접점에 자리하고, 아프리카, 미국, 호주와 직접 연결된다. 한국에서 만나는 동물 종들이 지구 곳곳에서 얻은 지혜를 교류하고 융합하면서 만들어내는 정보는 동물 인터넷의 필수적인 부분이 될 것이다. 육지와 바다, 그리고 반구 들이 서로 만나는 이곳에서 수많은 흥미롭고 유익한 새로운 지식이 쏟아져 나올 것으로 기대한다.

2024년 10월

마르틴 비켈스키 Martin Wikelski

거대하고 획기적인 규모의 과학 프로젝트를 구상하고 조직하고 수행하려면 특별한 능력이 있는 사람이 필요하다. 이 책의 저자인 마르틴 비켈스키가 바로 그런 사람이다. 그는 많은 연구자들이 포기할 법한 역경에도 불구하고 능숙하게 이카루스 프로젝트를 이끌어 지구를 바라보는 우리의 시각을 바꾸어놓았다.

당면한 문제를 해결하는 데 도움이 되는 좋은 과학에는 탄탄한 연구뿐만 아니라 혁신적인 사고, 그리고 많은 사람이 불가능하다고 여기는 문제에서 기꺼이 가능성을 찾아나서는 자세가 필요하다. 과학자들은 이전에 누구도 시도하지 않은 아이디어를 어떻게 생각해내고 계획을 세울까? 이들은 앞 세대 연구자들이 터를 닦은 연구에 얼마나 기대고, 얼마나 독자적으로 새로운 길을 개척할까? 연구에 차질이 생기면 어떻게 해결할까?

이카루스 프로젝트 이야기에는 마르틴의 탐구 여정이 담겨 있다. 페이지를 넘길 때마다 이곳 지구, 그리고 이 땅에 발 딛고 사는 동물들에 대한 사랑이 빛을 발한다. 마르틴은 상상할 수 있는 가장 큰 그림, 즉 동물의 집단 지성을 활용한 지구의 생존에서부터 잠자리를 추적하는 방법과 같은 아주 세세한 것까지, 모든 것에 관심을 둔다. 조그마한 새들이 월동지로 이동하는 위업에 감탄하고, 우리가 동물을 길들이고 노는 방법을 가르치는 것이 아니라 반대로 동물이 우리를 길들이고 노는 방법을 가르치는 것처럼 행동하는 모습에 경탄한다.

프로젝트를 성공적으로 이끄는 리더의 특징은 팀을 꾸리고 프로젝트를 함께 수행하도록 사람들을 다독이는 것이다. 지붕에 전파 안테나를 단 조그만 자동차 뒷좌석에 고작 연구자 한 명을 태운 채 미국 중서부의 바둑판식 도로를 달리며 작은 새들을 추적하는 모습부터 아직 공산주의의 냄새가 '커튼에 배어 있던' 러시아연방우주공사(로스코스모스Roscosmos)에서 회의하는 모습까지, 마르틴이 함께 연구했던 모든 사람의 이야기를 담은 이 책은 그가 복잡한 권력 관계로 얽힌 세상사를 헤쳐나가는 것만큼이나 연구자들이 연구에 몰두할 수 있도록 물심양면으로 뒷받침하는 데 능숙하다는 것을 보여준다.

마르틴은 열정이 넘치는 사람이다. 우주 기술을 활용해 생물다양성에 접근하는 더 나은 방법을 찾으려는 그의 꿈은 대단히 매혹적이다. 이 과정에서 갈라파고스제도 해변의 우두머리 바다사자에게 붙잡히지 않기 위해 텐트로 도망쳐 온 어린 바다사자 이야기부터, 월동지로 이동하는 동료들을 놓친 채 독일 남부의 매서운 겨울을 나기 위해 농부 가족을 입양해 잘게 다진 고기와 따뜻한 물을 제공하도록 한 황새 이야기까지, 자신과 교감하는 동물들의 놀라운 능력에 관한 이야기도 결코 놓치지 않는다.

마르틴은 위성 데이터로 동물의 이동 패턴을 추적하고 예측하는 능력을 향상하기 위해 미국항공우주국The National Aeronautics and Space Administration, NASA의 여러 과학자들과 협력했는데, 나는 이때 마르틴의 연구를 처음 접하게 되었다. 덕분에 우리는 세계 곳곳에서 생물종의 이동 패턴을 바람과 해류처럼 주기적으로 지도화해 결과를 내놓을 수 있는 시대로 접어들었다. 마르틴의 연구는 자연적 과정과 인간이 유발한 과정이 동물의 이동, 행동, 생리학, 건강에 어떤 영향을 미치는지 이해하는 데 혁명적인 발전을 이끌어냈다. 더 중요한 것은 이카루스 프로젝트로 얻은 능력을 전 세계의 멸종위기종과 서식지 보호 활동을 이끄는 데 활용한다는 점이다. 마르틴의 선견지명은 SF 같은 이야기를 지구상에 사는 생명체를 위한 현실로 바꾸어놓았다.

케이트 개디스Keith Gaddis

(미국항공우주국 생물다양성 및 생태예측 프로그램)

차례

아기 바다사자 카루소

오늘따라 해변의 바다사자들이 소란스럽다. 무슨 일이 벌어지고 있는 게 분명하다. 대나무로 세운 넓은 그늘막─헤노베사섬에 있는 우리의 집이다─에 앉아 나와 동료 셋이 먹을 밥을 차리던 참이었다. 태평양 한가운데 있는 이곳 무인도에서 우리는 5개월여 동안 바다이구아나marine iguana를 관찰하며 머물고 있다.

우리는 갈라파고스제도에 있는 이 섬의 바다이구아나들이 왜 특정한 몸집을 지니는지 연구하기 위해 여기에 와 있다. 이곳 이구아나는 왜 다른 이구아나보다 작은 걸까? 그러니까, 왜 가까이 있는 페르난디나섬에 사는 이구아나 무게의 15분의 1밖에 안 되는 걸까?☆ 연구를 위해 섬 서쪽의 한적한 해변에 캠프를 차렸다. 이 섬은 세상에서 가장 아름다운 곳이자 아마도 가장 외딴곳 중 하나일

☆ 지은이에 따르면 특정 계절에 헤노베사섬의 바다이구아나는 무게가 최대 0.85킬로그램에 불과하고 페르난디나섬의 바다이구아나는 15킬로그램까지 나간다고 한다.

것이다. 섬에는 특별 연구 허가를 받은 우리 넷 말고는 아무도 없다. 수천 년 동안 괴롭히는 사람도 없고 못살게 구는 사람도 없었을 이곳에서, 사람을 두려워하지 않는 동물들과 함께 시간을 보낸다는 것은 엄청난 특권이다.

우리는 해가 뜨면 개인 텐트에서 나와 바닷가에서 세수를 하고, 공동 막사로 돌아와 커피를 내리고, 쌍안경과 노트북을 들고 해변으로 가 이구아나를 관찰하며 하루를 보낸다. 캠프 주변에는 붉은발얼가니새red-footed booby, 푸른발얼가니새blue-footed booby, 군함조frigatebird, 흉내지빠귀mockingbird, 소라게hermit crab, 바다사자 등 수많은 동물이 살고 있다. 사실 소라게 녀석들은 오늘 해변에서 우리가 씻으려던 그릇을 애벌 설거지 해놓았다. 나는 양동이에 접시와 냄비, 컵을 담아 맨발로 모래사장을 걸어 바다로 간다.

조수 웅덩이tide pool에서 접시를 헹구는데, 어디선가 낯선 바다사자의 울음소리가 들려온다. 다른 동료들과 마찬가지로 나 역시 해변에 사는 마흔 마리가량의 바다사자 목소리 하나하나를 대략이나마 알고 있다. 해변의 우두머리 수컷은 '바다의 늙은 곰'답게 깊고 으르렁거리는 소리를 낸다. 하지만 방금 들은 소리는 다른 소리들과 다르게 음조가 높고 선명하다. 태어난 지 얼마 되지 않은 새끼의 소리인 듯하다. 해변으로 밀려오는 파도로 꼼꼼하게 설거지하기 전에 잔잔한 웅덩이에서 그릇을 헹구면서 녀석의 아름다운 소리를 듣자니 절로 행복해진다.

설거지를 마치고 바다로 향하는데 얼마 전 다른 수컷 바다사자와 몸싸움을 하다 한쪽 눈을 잃은 커다란 덩치의 우두머리가 나를 향해 엄청난 속도로 달려온다. 250킬로그램짜리 근육과 지방질 덩어리가 나를 향해 다가온다. 나를 못 알아본 걸까? 내가 할 수 있는 것이라곤 발로 모래를 차고 잠깐 소리를 내지르는 것뿐이다. 다행히도 달려오던 바다사자가 바로 멈춰 선다. 나는 그에게 위협이 되지 않으니까. 나를 젊은 경쟁자로 착각한 것일 수도 있다. 아니면 해변의 우두머리가 누구인지 보여주고 싶었을 수도 있다. 혹시나 하는 마음에 말이다. 녀석은 나를 쳐다보더니 몇 번 소리를 지른다. 그걸로 끝이다. 녀석은 나를 알고, 우리는 서로를 알며, 각자의 영역을 존중한다. 설거지를 마친 그릇을 들고 캠프로 돌아온 나는 동료들과 아름다운 목소리를 낸 새끼 바다사자에 대해 이야기한다. 우리는 그를 '아기 카루소Baby Caruso'라고 부르기로 했다.

3년이 지난 1993년 봄, 우리는 섬에서의 관찰을 마무리하고 있었다. 풍경은 여전했다. 붉은발얼가니새와 푸른발얼가니새가 어울려 놀고, 뒤쪽 수풀에서는 쇠부엉이short-eared owl가 흉내지빠귀를 사냥하고, 소라게는 여전히 애벌 설거지를 했다. 종일 이어진 관찰을 마친 나는 해가 질 무렵 개인 텐트로 돌아와 노트북 컴퓨터에 자료를 입력한다.

이번 캠프 생활은 좀 호사스럽다. 조그만 테이블을 가져온 터라 파도와 해풍을 막아주는 나만의 텐트에서 일할 수 있다. 텐트 입구가 바닷가를 등지고 있어서 노트북이 소금기 가득한 바람을 맞지도 않는다. 일에 한창 몰두하고 있는데, 바닷가 우두머리의 우렁찬 소리가 들려온다. 예전의 그 나이 든 수컷 우두머리다. 3년 전 다툼에서 한쪽 눈을 잃은 우두머리 수컷은 이제는 귀도 점점 어두워지는 모양이다. 해변에서 설거지를 하고 있으면, 녀석이 우리를 못 알아보고 뛰어오는 바람에 크게 소리쳐야만 멈춰서는 일이 예전보다 더 잦아졌다. 우리가 다른 수컷 바다사자가 아니라는 사실을 안 녀석이 흥분을 가라앉힌다. 녀석은 우리 캠프에 들어오지 못한다는 사실을 잘 알고 있다. (고약한 냄새를 풍기고, 캠프 안에 있는 상자와 그릇을 뭉개 난장판으로 만들며, 까딱하다가는 바깥 세계와 소통하는 데 사용하는 무선 통신용 라디오를 망가뜨릴 수도 있었다.)

우두머리의 우렁찬 소리 너머로 2년 반 동안 듣지 못했던 소리가 들려온다. 아기 카루소의 독특한 목소리다. 전보다 소리가 훨씬 깊어지긴 했지만 틀림없다. 카루소의 소리를 들으니 전율이 인다. 놀라운 일이다. 어미 젖을 떼고 해변을 떠난 뒤 다시는 찾아오지 않아서 죽었을 거라고 생각했다. 하지만 카루소는 다시 바닷가로 돌아왔고, 암컷들에게 구애의 노래를 부르며 나이 든 해변의 우두머리를 도발한다.

심기가 뒤틀린 나이 든 우두머리가 아기 카루소를 향해 미친 듯이 달려든다. 모래가 허공에 흩뿌려지는 소리, 짧은 몸싸움, 우두머리 수컷의 으르렁거리는 소리, 카루소의 공포에 질린 비명, 그리고 바다사자 두 마리가 힘차게 질주하는 소리. 바다사자는 겁에 질려 급히 도망쳐야 할 때만(혹은 겁에 질린 상대를 맹렬히 추격할 때만) 내달린다. 보아하니 어린 수컷이 우두머리의 짝에게 다가가 꼬리를 치다가 급히 내빼는 게 분명했다.

질주하는 바다사자의 소리가 점점 가까워진다. 텐트 앞에서 싸움이 벌어지는 것은 아닌지 슬슬 걱정된다. 잔뜩 성이 난 개 두 마

리가 앞뒤 안 가리고 뒤엉켜 싸우는 것처럼 위험한 상황이 벌어질 수 있었다. 밖을 살피려 테이블에서 일어나려는 찰나 카루소가 텐트 입구로 어슬렁거리며 다가오는 것이 보인다. 녀석이 갑자기 앞에서 멈춰 서더니 고개를 들어 내 눈을 똑바로 바라본다. 그러더니 고개를 숙이고 텐트와 테이블 아래로 슬그머니 들어와 내 발 위에 머리를 얹는다. 녀석은 그렇게 미동도 없이 얕은 숨을 가쁘게 내쉰다. 혼이 쏙 빠져 있었다. 나도 혼비백산했다. 바로 뒤에 수컷 우두머리가 있었던 것이다. 우두머리 수컷이 텐트 입구까지 몸을 끌고 오는 소리가 들린다. 하지만 녀석은 여기에 들어올 수 없다. 내가 소리를 질렀다. 내 목소리를 알아들은 녀석은 아마 내가 모래를 걸어차리라 예상할 것이다. 여전히 분이 풀리지 않는지 녀석은 씩씩거리며 바닷가로 물러난다. 카루소는 테이블 아래 숨죽인 채 가만히 있었다.

눈앞에서 보고도 믿어지지 않았다. 나는 까맣게 몰랐지만, 3년 전 새끼 바다사자 한 녀석이 바닷가의 우두머리와 나의 사회적 관계를 관찰하고 완전히 이해한 것이 분명했다. 3년이 지났지만 카루소는 바닷가의 우두머리가 캠프에 들어올 수 없다는 사실을 기억했다. 어쨌든 카루소는 수컷 우두머리가 해변의 주인이고 나는 캠프의 주인이라는 서로의 합의가 있다는 것을 알았다. 카루소는 2년 반 동안 떠나 있다가 자기가 태어난 고향으로 돌아왔다. 녀석이 본능에 따라 암컷에게 접근하면서 이내 나이 든 우두머리와 부딪혔다. 이러지도 저러지도 못하고 커다란 수컷에게 된통 당하게 생기자 우두머리가 갈 수 없는 곳—바로 나의 텐트—으로 도망치기로 한 것이다. 카루소는 바다사자의 세계와 내가 사는 인간 세계의 정신적 경계를 허물었다. 녀석은 그 두 세계가 만나는 지점을 이해했고, 두 세계를 이용하는 방법을 알았던 것이다.

인간과 동물의 연결이라는 방정식을 인간의 입장에서 이해하는 것, 이것이 바로 내가 일생을 바쳐 해온 일이다.

라디오 태그를 단 토끼

1 생물학, 단지 더 아름다워서

1998년 일리노이, 풀이 높게 자란 초원. 일리노이대학교 어바나 샘페인 캠퍼스의 생태학·동물학·진화학 교수직을 수락하고 얼마 지나지 않은 때였다. 우리는 거대한 평원 한가운데 서 있었다. 여름의 끝자락이라 무성하게 자란 짙은 초록색의 풀이 서서히 갈색으로 변해가고 있었다. 풀이 이렇게 높게 자란 것은 발밑으로 펼쳐진, 지구상에서 가장 비옥한 2.5미터 두께의 토양층 덕분이다. 옛날에는 늦여름에 말을 타고 가던 사람이 키 큰 풀이 무성한 대초원을 지나다 길을 잃기도 했다.

이 지역은 새로운 아이디어가 끊임없이 샘솟는 곳이기도 하다.

사람들은 전통을 고수하면서도 놀라울 정도로 창의적이다. 혁신은 옛것에서 나온다는 말이 있다. 근본적으로 새로운 것을 발명하려면 먼저 지금 있는 것에 통달해야 한다는 뜻이다. 여기 이 평원에 함께 선 사람들 또한 특별하다. 이제 노인이 되어버린 빌 코크런Bill Cochran과 조지 스웬슨George Swenson은 여전히 아들과 아버지처럼, 아니 어쩌면 형제처럼 서로 아웅다웅한다. 이들이 살아오면서 겪은 일들은 믿을 수 없이 놀라웠지만, 과거는 그들에게 중요하지 않았다. 이들은 오직 미래와 인류가 나아갈 방향에 대해 고민할 따름이었다.

지금으로부터 41년 전, 둘은 바로 이곳, 높이 자란 풀이 무성한 대초원 한가운데에 서 있었다. 냉전이 한창이었고, 소련이 스푸트니크Sputnik를 막 발사한 때였다. 서방 세계는 충격을 받았다. 지구를 도는, 아니 엄밀히 말해 지구로 서서히 떨어지는 무선 비컨beacon☆이 궤도에 진입한 것은 최초였기 때문이다. 실제로 위성은 지구 저 궤도에 있을 경우 동력을 사용하지 않으면 지구로 천천히 떨어진다. 지구의 중력과 일부 대기 입자로 인해 속도가 느려지기 때문에 서서히 지구로 돌아오는 것이다. 전 세계가 충격에서 헤어나지 못하고 있던 이때, 정신적 동지였지만 또한 서로 너무나도 달랐던 둘 중 연장자였던 조지는 한 가지 아이디어를 떠올렸다. 스푸트니크용 수신기를 만들어서 거기서 흘러나오는 전파를 듣자는 것이었다. 어쨌든 스푸트니크는 무선 비컨일 뿐이고, 스푸트니크의 전파

☆ 특정 무선 주파수에 정보를 실어 일정한 주기로 무선 신호를 송신하는 기기다.

동물 인터넷

를 수신하기 위해서는 수신기만 있으면 되었다.

조지는 그때까지 우주에서 들어오는 다른 종류의 전파에만 관심이 있었다. 태초부터 우주의 끝에서 끊임없이 흘러나와 다른 모든 은하계에서 나오는 전파와 섞여 있는 우주배경복사 말이다. 우주를 듣는 것은 마치 콘서트에서 음악을 듣는 것과 같았다. 그런 점에서 베르디의 오페라 음악과 우주의 별들에서 나오는 음악은 크게 다르지 않았다.☆ 약간 다른 주파수에서 파동을 방출하지만 둘 모두 우리에게 아름다운 교향악을 선사했다. 우리는 그저 주파수를 조율하기만 하면 된다. 이것이 조지가 평생 해온 일이었다. 우주와 우리 주변에 있는 모든 것이 파동의 교향악이라고 생각한 조지는 음악과 포탄 소리와 전파천문학을 연구했고, 스푸트니크가 발사되어 특별한 기회가 눈앞에 펼쳐졌을 때 이를 놓치지 않았다.

조지에게 스푸트니크는 과학계에 자신의 이름을 알릴 기회였다. 조지에게 필요한 것은 전파 수신기였다. 조지는 동생과도 같은 빌에게 손을 내밀었다. 히피 성향의 빌은 남들이 아무리 부탁해도 자신에게 가치 없는 일은 거들떠보지도 않았다. 빌은 범위를 넘어서는 천재였다. 2017년 죽음을 몇 주 앞두고, 아흔이 넘은 조지는 나에게 빌은 자신이 "만난 사람 중 가장 풍요로운 정신을 가진 사람"이라고 다시 한번 말했다. 빌은 유명세에는 아무 관심이 없었지만, 최초의 위성에서 나오는 전파를 듣는 일은 재미있을 것이라 생각

☆ 유튜브에 태양과 블랙홀, 펄서 등의 소리를 검색해 감상할 수 있다.

했다.

빌은 지하실로 내려가 아버지에게 배운 대로 작업을 시작했다. 전파 수신기를 만든 것이다. 스푸트니크의 전파 주파수가 수신하기 까다로워서 쉽지는 않았지만, 여하튼 전파 수신기를 만드는 데는 하루 반밖에 걸리지 않았다. 수신기가 완성되자 빌은 조지와 함께 바로 이 들판에 서서 스푸트니크가 지평선 위로 나타나기를 기다렸다. 그렇게 궤도 물리학의 법칙에 따라 스푸트니크가 나타났고, 1957년 바로 이곳에서 빌과 조지는 우주에서 인간이 만든 소음을 최초로 듣게 된다.

하지만 정말 놀라운 것은 그게 아니었다. 둘은 곧바로 다투기 시작했다. 방금 들은 스푸트니크 전파가 아니라 앞으로의 일 때문이었다. 이것으로 무엇을 할 수 있을까? 두 사람 모두 똑같은 생각을 했다. 이들의 사고 과정을 간단히 설명하면 이렇다. 먼저 이 신호를 이용해 스푸트니크의 정확한 궤도를 결정한다. 그런 다음 신호를 좀 더 세심하게 들으면서 신호가 어떻게 왜곡되는지 살펴본다. 스푸트니크와 우리 사이에 아무것도 없다면 신호는 마치 일정한 진동수의 소리를 내는 소리굽쇠의 '라(A)' 음처럼 매끄러울 것이다. 하지만 지구의 대기는 항상 변화하고, 위로는 우주의 날씨가, 아래로는 지구의 날씨가 있다. 그런데 지구의 날씨를 일정하게 유지한다면, 다시 말해 날씨가 고른 화창한 날에만 측정한다면, 스푸트니크 전파의 신호가 왜곡되는 정도를 통해 상층 대기의 구성 성분 변화를 파악할 수 있었다. 정말 놀라운 일이었다! 이 왜곡된 전파, 즉 약간 매끄럽지 못하고 떨리는 '라' 음만 있으면 우주의 동적 패턴에 대한 정보를 얻을 수 있는 것이다. 우리가 할 일은 주의 깊게 듣는 것뿐이다. 몇 년 후 빌과 조지, 그리고 나는 동물과 이들이 만들어내는 파동의 교향곡을 들을 때도 같은 원리를 적용했다.

스푸트니크가 발사되고 이틀 뒤인 1957년 10월 2일 대초원으로 돌아온 빌과 조지는 잠시 휴식을 취한 뒤 집으로 돌아가 상층 대기권 측정에 필요한 다음 단계를 생각했다. 하지만 몇 시간이 지나고 조지가 빌을 찾으러 갔을 때 빌은 어디에도 없었다. 조지와 동료들이 사방을 뒤지고 돌아다녔지만 헛수고였다. 결국 벽장이란 벽장은 모두 열어보고 나서야 벽장 한구석에서 아기처럼 웅크린 채 자고 있는 빌을 찾았다. 서른여섯 시간을 꼬박 최초의 민간 스푸트니크 전파 수신기를 제작하는 데 매달렸던 빌은 어둡고 조용한 곳에서 쉬고 있었다.

2주가 채 지나지 않아 빌과 조지는 스푸트니크의 정확한 궤도를 계산하고, 상층 대기의 구성을 파악하는 데 필요한 모든 데이터를 확보했다. 하지만 세상에서 가장 평평한 지역 중 하나인 이곳 들판 한가운데에서 이 뛰어나지만 겸손한 두 개척자와 함께 서서 다시 한번 과거가 아닌 미래를 생각한 나는 이들의 연구에 훨씬 중요한 무언가가 있다고 보았다. 41년 전만 해도 조지는 전파천문학 분야에서 환상적인 경력을 쌓고 있었고, 빌은 생물원격측정법^{biotelemetry}☆

☆ 동물의 몸에 전파 발신기를 부착한 뒤 몸에서 발신된 전파를 수신해 해석함으로써 멀리 떨어져 있는 동물의 위치 따위를 알아내는 방법이다.

분야를 개척했다. 그렇게 각자 다른 길을 걷고 있던 둘은 이제 같은 곳을 바라보고 있었다.

지구에서 우주의 끝을 바라보는 전파천문학은 때로 시간의 기원을 탐구한다. 반면 생물원격측정법은 내부로 눈을 돌려 지금 여기 지구에서 벌어지는 일들을 연구한다. 생물원격측정법은 동물에게 장치를 달아 무선 발신기를 통해 기지와 통신한다. 바이오로깅 biologging☆과 거의 동일하지만, 일반적으로 바이오로깅은 동물에 부착된 장치를 떼어내야 기록된 데이터를 수동으로 다운로드하고 읽을 수 있다. 동물들에게 일기장을 갖고 다니게 하는 것이라 할 수 있는 바이오로깅과 생물원격측정법은 내 친구 로리 윌슨Rory Wilson 이 만든 용어로, 윌슨은 동물이 자신의 삶을 기록하도록 하는 분야의 진정한 개척자 중 한 명이었다. 목표는 눈에 보이지 않는 것을 시각화하는 것이었다. 보는 사람이 하나도 없을 때 동물들은 어떻게 행동할까? 그리고 현존하는 가장 지능적인 센서인 이 모든 동물들의 상호작용을 통해 우리는 무엇을 알 수 있을까?

오늘날 현장의 많은 생물학자들은 완전히 새로운 지식을 찾기 위해 분투하고 있다. 생명(과 생물학)에 대한 우리의 접근 방식에 엄청난 변화가 일고 있다. 육안이나 쌍안경, 현미경으로 관찰할 수 있는 명백한 것에는 더는 관심을 두지 않는다. 생물학자들은 이제 동물들 간의 그리고 동물과 환경 간의 상호작용을 분석할 때만 드

☆ 동물의 몸에 센서나 카메라 등을 부착해 동물의 생태를 연구하는 방법이다.

러나는 방대한 미지의 지식을 탐구하고자 한다. 가히 동물의 여섯 번째 감각을 찾는 작업이라고 할 수 있다. 중력파gravitational wave나 마지막 '신의 입자God particle(힉스 보손Higgs boson)', 혹은 시간의 기원을 밝히는 것과 유사한 야심 찬 시도인 것이다. 우리는 이러한 실체를 눈으로 직접 볼 수는 없지만—우리가 그것을 보기 위해 진화하지 않았을 따름이다—빌이 선택한 생물학과 조지가 탁월한 재능을 발휘한 전파천문학 모두에서 새로운 실체를 찾을 수 있는 인간 지식의 경지에 도달했다. 생물학 분야는 이 새로운 발견이 어떤 결과를 낼지에 엄청나게 고무되었다. 하지만 암흑물질dark matter과 중력파 등 1세대의 획기적인 발견이 이미 많이 이루어진 전파천문학 분야에서는 눈에 보이지 않는 지식을 탐구한다는 것이 조금은 진부한 이야기였다.

일리노이의 대초원에서 조지는 전파천문학의 전성기는 이미 저물고 있다고 말했다. 초창기에는 다른 많은 연구 분야와 마찬가지로 전파천문학 역시 개별 대학과 연구 단체들이 거의 협력하지 않은 채 독자적으로 프로젝트를 추진했다. 이를테면 모두 각자 자기만의 망원경을 가지고 나름대로 훌륭한 연구를 수행했다. 하지만 오늘날 그렇듯 망원경 집단을 서로 연결시키면(이는 조지의 공이 크다) 훨씬 강력한 힘을 발휘한다. 곤충의 겹눈은 이를 잘 보여준다. 곤충의 겹눈에서 단일 미니 망원경이라고 할 수 있는 낱눈 하나를 떼어내면 볼 수 있는 것이 적다. 하지만 낱눈 수천 개를 모아 겹눈을 만들면 모든 것을 아주 세밀하게 볼 수 있다. 망원경의 결합은 우주를 보는 데 있어 비약적인 도약이었다.

조지가 진행한 작업이 바로 이것이었다. 조지는 뉴멕시코 소코로에서 서쪽으로 80킬로미터 떨어진 샌어거스틴 초원지대에 설치된 장기선간섭계Very Large Array, 이하 VLA 설계 팀을 이끌었다. 1980년에 완공된 이 망원경은 세계 최초의 대형 망원경 배열telescope array이다. VLA는 여러 개의 단일 망원경으로 구성되어 있는데, 이 망원경들을 한꺼번에 작동시켜 마치 하나의 거대한 망원경으로 보는 것처럼 우주를 관측할 수 있었다. 인류에게는 엄청난 도약이었다. 전 세계가 각자의 상황을 뒤로한 채 우주를 관측하기 위해 협력했다. 그리고 조지는 다시 한번 미래를 고민하며 VLA로 할 수 있는 몇 가지 아이디어를 떠올렸다.

당시 외계생명체는 모두의 관심사였고, 조지는 외계생명체의 흔적을 찾는 프로젝트의 회원이었다. 우주 관측이라는 놀라운 연구를 수행하던 조지는 오랜 고민 끝에, 스푸트니크 전파 수신 데이터로 우주 어딘가에 있을지 모를 지적 생명체의 흔적을 찾아보기로 마음먹었다. 누구라도 그랬을 것이다. VLA로 진행 중인 연구에 더해 외계지적생명체extraterrestrial intelligence를 탐사하자는 아이디어를 내놓은 것이다. 조지는 우주에서 지적 생명체의 흔적을 발견하면 우리가 누구이고, 어떤 존재이며, 우리가 어디에 있는지에 대한 인식이 바뀔 것이라고 항상 역설했다. 그 발견이 2년 뒤든, 20년, 아니 200년 뒤든 상관없었다. 우주에서 흘러오는 아름다운 파동의 교향악을 샅샅이 뒤지고 외계지적생명체의 흔적을 찾는 데 소요되는 약간의 노고쯤은 우리의 삶을 뒤바꿀 수 있는 발견의 가능성을 생각하면 아무 문제가 되지 않았다.

하지만 빌 역시 고집쟁이 동생답게 자기만의 생각이 있었다. 빌은 자신과 조지가 스푸트니크 전파를 수신하기 위해 개발한 기술을 지구의 생명에 적용하는 것이 별에서 생명체를 찾는 것보다 훨씬 유망하고 흥미진진할 것이라고 생각했다. 그리고 죽음을 몇 년 앞둔 조지는 빌이 옳았음을 인정했다. 조지는 다시 태어난다면 빌과 생물학자, 그리고 생태학자들과 함께 지구의 생명체를 연구하고 싶다고 말했다. 새롭게 떠오르는 지구생태학global ecology은 40년 전의 전파천문학이 그랬던 것처럼, 우리가 가장 아름다운 생명의 우주인 바로 이곳 지구를 들여다봄으로써 새로운 것들을 무한하게 발견할 수 있기에 흥미진진하고 변화무쌍하며 경이롭다고 했다.

그렇다면 스푸트니크의 전파를 들은 뒤 빌은 무엇을 했을까? 너무나 간단했다. 빌은 소형 스푸트니크와 비슷한 무선 비컨을 만들어 처음에는 오리에게, 나중에는 토끼에게 부착했다. 스푸트니크를 엿듣기 위해 만든 것과 비슷하긴 했지만, 스푸트니크가 간헐적으로 무선 신호를 보냈다면, 빌이 만든 무선 비컨은 끊임없이 신호를 보내 지속적으로 동물을 추적할 수 있었다. 빌은 다시 한번 무선 신호의 왜곡에 귀를 기울였다. 파동의 형태 변화는 이번에는 대기 성분이 아니라 빌의 손을 떠난 오리의 호흡수를 나타냈다.

빌은 토끼에게도 거의 똑같은 실험을 했다. 물론 오리보다는 토끼를 훨씬 더 오랫동안 추적했다는 점은 달랐다. 생물학자들은 자신들이 알고 있다고 생각했지만 실제로는 잘 몰랐던 동물들에 대해 새롭게 알게 된 사실에 당혹스러워했다. 왜냐하면 이 작은 토끼는 생물학자들의 눈을 벗어나자마자 하나부터 열까지 예상에서 벗어난 행동을 했기 때문이다. 하지만 이제 빌이 만든 소형 스푸트니크 무선 비컨을 목에 걸고 있는 토끼는 생물학자들의 눈을 벗어나 있을 때도 여전히 생물학자들에게 말을 건다. 토끼는 자신에게 달린 비컨에서 흘러나오는 전파를 통해 생물학자들에게 자신의 위치와 습관과 두려움과 흥밋거리에 대해 말할 수 있었다.

이것이 바로 많은 것을 함께했으면서도 너무나 달랐던 두 사람이 인생에서 택한 두 가지 길이었다. 조지가 우주로 갔다가 결국 다시 생물학으로 돌아온 것은 단지 더 아름답기 때문이었다. 그리고 빌은 우주 연구에서 얻은 영감을 통해 지구상의 생물에 대해 배우고 궁극적으로 생명의 연결성을 이해하고자 했다. 생명의 연결성은 바로 여러분이 읽고 있는 이 책의 주제이기도 하다. 이 책은 우리와 바깥세계의 연결성, 그리고 우리와 우주의 연결성, 마지막으로 우주에서 가장 아름다운 곳을 외면하고 심지어는 너무 가까이 있다는 이유로 우리가 가진 것을 잊고 마는 인간의 습성에 대해 이야기한다.

깊은 밤을 나는 명금류

2 새들은 대화하면서 난다

빌은 조지만큼 명성을 얻지는 못했다. 하지만 2022년 사망한 빌은 지금 우리를 구원하고 있는 사람 중 하나일 것이다. 이 지구에서 인류가 동물의 이야기를 듣고 대화할 수 있게 해준 장본인이기 때문이다.

빌이 만든 생물원격측정법이 어떻게 작동하는지 예를 들어 이야기해보자. 일리노이의 들판에 서서 스푸트니크 전파를 수신하던 빌은 밤하늘의 다른 소음도 주의 깊게 들었는데, 그곳에는 북아메리카에서 중남미로 이동하는 수십억 마리의 명금류songbird☆가 내는 소리도 있었다. 이 조그만 새는 보통 한두 해밖에 살지 못하며, 당시에는 전적으로 유전적 지침에 따라 이동한다고 여겨졌다. 어디로 날아갈지, 얼마나 많은 날갯짓을 해야 겨울 보금자리에 도착할 수 있는지 등을 본능적으로 알고 있다는 것이 통념이었다.

그 밖에도 다른 작은 동물들의 행동 또한 DNA에 의해 미리 결정된다고 생각했다. 보편적으로 받아들여지는 통념에는 대개 틀린 부분이 있다는 원칙에 따라 의문을 제기한 것은 빌이 작은 것도 놓치지 않는 세심한 주의력, 공격적이고 반항적인 사유, 타고난 호기심을 가졌다는 증거였다. 스푸트니크의 전파를 듣는 동안 빌은 올리브색등지빠귀swainson's thrush의 부름 소리뿐만 아니라 개똥지빠귀veery와 갈색지빠귀hermit thrush의 소리도 들었다. 가끔은 올리브색등지빠귀의 부름 소리에 놀랍게도 개똥지빠귀가 대답하는 소리도 들었다. 어찌 된 일일까? 단순한 우연이었을까? 아니면 다른 이유가 있었을까? 저 작은 명금류들은 밤하늘에서 서로 의사소통을 하고 있는 걸까? 개체들이 이미 결정된 유전적 지침을 따르는 것이 아니라, 옛날 이탈리아 고속도로☆☆처럼 자동차들이 서로에게 끊임없이 경적을 울리며 자기가 어디에 있고, 무엇을 하고 있으며, 어디로 움직이는지를 알려주는 걸까?

당시로서는 답할 수 없는 질문이었다. 나는 일리노이대학교에서 근무를 시작할 무렵 빌과 함께 이 문제에 대한 답을 찾는 연구에

☆ 참새목에 속하는 소형 조류로, 고운 목소리로 우는 새들을 말한다.

☆☆ 이탈리아는 세계 최초로 자동차 전용 고속도로를 건설한 국가다.

착수했다. 내가 합류했을 때 빌은 이미 꽤 오랫동안 명금류 이동의 미스터리를 연구하고 있었다. 먼저 빌은 지상에 오디오 수신기들을 배열했다. 오디오 수신기 배열의 원리는 조지가 전파를 정확하게 포착해 블랙홀을 조사하고 이 블랙홀이 항성들과 어떻게 상호작용하는지를 연구하기 위해 만든 VLA와 거의 같았다. 명금류가 마이크로폰☆ 가까이로 날아오면 빌은 밤하늘에서 명금류 개체들의 부름 소리를 정확히 찾아낼 수 있었다. 정말 놀라운 발견이었다. 명금류는 확실히 다른 새들이 같은 공기층에 있을 때—즉 같은 고도로 날아갈 때—더 자주 부름 소리를 냈고, 서로에게 응답하는 것처럼 보였다. 이 경이로운 발견은 당연히 검증이 필요했다.

이후 빌은 새들이 날아가는 소리가 들리는 바로 그 순간 지상에서 이 새들의 부름 소리를 틀었다. 빌은 올리브색등지빠귀의 부름 소리에 같은 새가 응답하도록 유도할 수 있다는 사실을 발견했는데, 더 흥미로운 것은 개똥지빠귀와 갈색지빠귀도 응답하도록 유도할 수 있다는 사실이었다. 항상 그런 것은 아니지만 우연이라고 치부하기에는 빈도가 잦았다. 이것만으로도 매우 흥미로운 발견인데, 더 중요한 것은 이 발견이 이 35그램짜리 새가 월동지를 찾아가는 방법에 관한 우리의 이해와 가설을 완전히 뒤바꿔놓았다는 점이다.

새의 유전자에 이동의 성향이 부호화되어 있기도 하지만, 밤하늘

☆ 음향을 전파로 변환하는 기기다.

에서 새들이 끊임없이 재잘대며 주고받는 소리는 그들이 여정 중에 계속해서 의사소통을 한다는 것을 나타냈다. 빌의 데이터를 좀 더 공격적으로 해석하면, 새들의 유전자에 새겨진 유일한 성향은 가을이 되면 온화한 지역으로 날아가고자 하는 충동뿐이라는 것이다. 대륙 간 이동의 나머지 과정이 사실은 이미 여정에 올라본 다른 새들을 따라가는 것만큼이나 간단할 수 있다. 새들이 중남미 쪽으로 가는 길을 찾기 위해 해야 할 일은 밤하늘의 고속도로를 따라 날아가는 다른 새들을 따라가는 것뿐이다.

여러분도 익히 예상할 수 있듯 빌은 이런 해석에 만족하지 않았다. 빌은 새 한 마리 한 마리가 공중에서 정확히 무엇을 하는지, 부름 소리가 얼마나 도움이 되는지, 이와 같은 소리가 이들과 함께 나는 다른 새들에게 어떤 의미가 있는지 알고자 했다. 새들은 정확히 어떤 정보를 전달하고 있었을까? 이를 알아내기 위해서는 밤마다 날아다니는 새들의 소리를 일일이 들어야 했지만, 당시로서는 불가능한 일이었다. 새의 등에 초소형 녹음기를 달지 않고서야 어떻게 이동하는 새들의 소리를 들을 수 있겠는가. 하지만 당시는 1980년대였다. 8트랙 플레이어를 대체하는 카세트테이프 플레이어라는 신기술이 등장한 시기였다.

빌은 지하실로 돌아가 다시 한번 자신의 뛰어난 전파 기술을 활용했다. 오리와 토끼에 쓸 요량으로 만들었던 연속 전파발신기를 사용했는데, 여기에 소형 마이크를 연결했다. 이후 1998년 시애틀의 워싱턴대학교에서 박사후과정을 마친 내가 빌과 함께 이 장치를 수정하고 보완하고 개량했다. 하지만 초기에도 성능은 나쁘지 않았다. 빌은 이동하는 새들의 중간 기착지인 일리노이 중부에서 올리브색등지빠귀 몇 마리를 잡아 등에 마이크가 달린 소형 발신기를 부착했다. 무게가 1.5그램 정도밖에 되지 않는 작고 깔끔한 상자였다.

새들의 일상을 엿듣게 되면서 빌은 엄청나게 많은 것을 알 수 있었다. 가장 중요한 것은 지빠귀가 날아다니는 동안 우리가 듣는 큰 소리로만 울지 않는다는 사실이었다. 새들은 지상에서도 서로에게 속삭였다. 이런 속삭이는 소리는 정말 가까이(5미터 정도) 가지 않으면 들을 수 없었다. 지빠귀들은 자기들끼리만 소통한다. 이처럼 새들이 낮은 소리로 소통한다는 사실을 생물학자들이 알지 못한 이유는 새들이 속삭일 때 부리를 닫기 때문이었다. (명금은 발성기관인 울대가 있어서 부리를 닫고도 소리를 낼 수 있다.) 우리는 어떤 소리도 듣지 못하고 새들이 발성한다는 어떤 낌새도 채지 못했지만, 이들은 서로 대화하고 있었다. 빌의 마이크는 동물들의 의사소통이라는 세계에 완전히 새로운 지평을 열었다. 하지만 빌은 지빠귀들이 지상에서 서로에게 내는 사회적 부름 소리에는 크게 관심이 없었다. 이동하는 새들이 왜, 그리고 언제 소통하는지 알고 싶었던 것이다.

밤에 비행하는 새를 따라 이동하는 일은 다른 사람이라면 감당하기 힘들었겠지만 빌에게는 별문제가 되지 않았다. 작업실로 돌아간 빌은 이동 중인 새를 지상에서 자동차로 따라가는 방법을 궁리했다. 개조한 스푸트니크 발신기를 새의 등에 달아 새와 계속해서 통신할 수 있었지만, 신호를 받기 위해서는 전파 수신기가 새와 5킬로미터 이상 떨어지면 안 됐다. 불가능한 일이라고? 빌에게는 문제없었다. 이번에도 운이 따랐다. 예전부터 일리노이는 '사우전드 에이커 팜랜드thousand acre farmland'로 유명했다. 농장마다 면적이 '사우전드 에이커(4제곱킬로미터)'는 되었고, 농가도 있었고, 농장 주위로 도로도 깔렸다. 이 말은 불과 1마일(약 1.6킬로미터) 간격의 바둑판식 농로를 따라 시골길을 다닐 수 있다는 뜻이다. 밤에 철새를 따라 일정한 속도로 운전하면 따라잡을 수 있을 만큼 지형이 평탄했다. 아마이 세상 어디에도 이런 일이 가능한 곳은 없을 것이다.

빌의 (이후에는 나의) 임무는 간단했다. 한낮 기온이 20도 이상이고 해 질 녘 바람이 시속 10킬로미터 이하로 불어 새들이 이주하기 좋은 날 밤, 우리는 올리브색등지빠귀 한 마리가 공중으로 날아올라 비행하는 것을 기다렸다. 차량 지붕에 구멍을 뚫고 막대를 꽂아 자동차가 움직이는 동안 사방팔방으로 회전할 수 있도록 했다. 막대에는 전파 수신 안테나가 달려 있었다. 빌에게는 낡은 스테이션왜건☆이 있었고, 나는 빌의 어머니에게서 1달러에 올즈모빌Oldsmobile☆☆을 샀다. 우리는 매일 밤 토네이도 추격자처럼 새를 쫓아 운전하며 새가 어디로 가는지 파악하고, 가능한 한 가장 강한 신호를 받기 위해 안테나를 계속 회전시켰다. 우리는 지빠귀를 쫓아가면서 새의 소리를 계속 녹음했다. 빌이 발견한 것은 놀라웠다.

☆ 자동차 차체 형태의 한 종류로, 뒤쪽 좌석을 젖혀 짐을 실을 수 있는 공간과 후면에 달린 문이 특징이다.

☆☆ 1897년부터 2004년까지 107년 동안 미국에서 자동차를 생산한 브랜드다.

새마다 부름 소리를 내는 비율이 크게 달랐다. 어떤 개체는 비행하는 6시간 내내 분 단위로 소리를 냈다. 우리가 사랑하는 공중 곡예사들의 등에 부착된 마이크 덕분에 다른 올리브색등지빠귀의 소리도 들을 수 있었는데, 종종 '우리' 새들이 부르는 소리에 직접 응답하는 경우도 있었다. 또한 개똥지빠귀, 갈색지빠귀, 그리고 다른 종들이 응답하는 소리 역시 들었다. 하지만 빌에게 이 정도로는 충분하지 않았다. 빌은 새들이 어느 정도 높이에서 날고 있는지, 왜 다른 고도가 아니라 특정 고도에서 이동하는지 알고 싶었다.

처음 몇 번 새를 관찰한 후, 새의 비행 방식과 새 개체를 따라잡는 방법을 알게 된 빌은 그날 밤 자신이 추적하는 새가 머리 위로 날아갈 것으로 예상되는 곳으로 갔다. 그리고 새가 바로 머리 위에 있으면 자동차 경적을 울렸다. 경적을 울린 시간과 새의 마이크에서 소리가 들린 시간 사이의 시차를 계산해 새가 밤하늘에서 어느 정도 고도에서 나는지 정확히 알 수 있었다. 이는 새가 고도를 바꾸는 이유가 무엇인지 알 수 있었기 때문에 중요했다. 새는 또다시 옛날 이탈리아 고속도로에서 벌어지는 상황과 매우 비슷하게 움직였다. 새는 일정한 고도까지 날아올라 소리를 내고(경적을 울리는 것에 해당한다) 주변에 다른 새가 있는지 확인했다. 다른 새가 없으면 적당한 고도가 아닐 것이다. 그러면 새는 더 높은 곳으로 올라가서 다시 소리를 내고 다른 새들이 반응하는지 확인한다. 많은 새가 응답했다면 제대로 찾아간 것이 분명하다. 순풍이 불고 난기류가 적으며 올바른 방향으로 향하는 고속도로가 있는 곳을 찾은 것이다.

빌의 연구를 통해 지구상에서 가장 큰 규모의 공중 이동을 하는 새들이 서로 어떻게 소통하는지 알게 되었다. 새들이 어느 정도 높이에서 날아야 하는지, 어디로 가야 하는지, 누구를 따라야 하는지에 대한 주요 정보를 서로 알려주는 하늘의 고속도로를 발견한 것이다. 물론 새들이 항상 모든 것에 의견 일치를 보이지는 않았을 것이다. 하지만 이동 본능에 따라 일단 비행을 시작하면, 이동하는 새들은 동료들로부터 정보를 얻고 있었다. 빌이 발견한 것은 우리 머리 위 밤하늘의 정보 고속도로^{information highway}☆였다.

밤하늘에서 들려오는 새들의 교향악은 우주에서 들려오는 전파의 교향악만큼이나 아름답다. 하지만 우주에서 온 파동이 물리법칙을 따르는 교향악(조지의 전공 분야)이라면, 이 아주 오래된 유기체가 만들어내는 교향악은 동물들이 종과 대륙을 넘나들어 정보를 주고받으면서 만들어내는 것으로, 우리가 아직 밝혀내지 못한 생물학적 법칙을 따르고 있다(빌이 열중하는 분야다). 유럽인보다 먼저 대초원에 살았던 원주민들은 이 새들이 전하는 말에 귀 기울였을 것이다. 이제 다른 모든 사람들도 이 새들의 목소리에 귀를 기울여야 할 때다.

이동하는 지빠귀에게 작은 마이크를 달아준 빌의 단순해 보이는 관찰은 명금류의 이동에 대한 우리의 생각을 바꾸어놓았다. 새가

☆ 첨단 광케이블망으로 온갖 자료를 초고속으로 주고받는 최첨단 통신 시스템이다.

타고난 유전 암호를 따르는 생각 없는 자동 기계가 아니라 서로 대화하며 어느 고도로 날아갈지, 어느 방향으로 날아갈지 논의한다는 사실을 이해하게 된 것이다. 각각의 새는 다른 새들과 소통함으로써 수십억 마리의 동물이 오랜 세월 동안 쌓아온 공동의 지식 저장소를 활용한다. 이 연구는 동물의 문화, 즉 중남미에서 겨울을 나는 북미 명금류의 이동 문화에 방대한 지식이 녹아 있음을 보여주었다.

가마새와 고래상어

3 작은 가마새가 준 깨달음

빌 코크런의 기념비적인 연구 성과—무엇보다도 야간에 미국 중서부 평야 지대를 지나 이동하는 명금류를 추적할 수 있게 해준 기술—에도 불구하고, 가장 큰 난제 중 하나는 이 작고 연약한 생물이 어떻게 주요 수역을 횡단할 수 있는가 하는 것이었다. 이를테면, 무게가 10그램밖에 되지 않는 휘파람새ʷᵃʳᵇˡᵉʳ가 어떻게 플로리다에서 베네수엘라로, 텍사스에서 파나마로 이동할 수 있었을까?☆ 빌과 내가 추적한 개똥지빠귀의 이동 중 가장 중요한 장애물은 멕시코만이었다. 파나마운하에 있는 바로콜로라도섬 근처에서 겨울을 난 올리브색등지빠귀나 숲지빠귀ʷᵒᵒᵈ ᵗʰʳᵘˢʰ는 어떻게 쉬지 않고 텍사스, 루이지애나, 앨라배마, 플로리다 해안으로 갈까? 또 다른 의문은 날씨였다. 날씨는 새들의 의사결정에 어떤 영향을 주었고, 새들은 이동 중에 어떻게 날씨를 예측했을까?

처음에는 페덱스☆☆ 비행기에 자동 원격측정수신기를 설치해 아메리카 대륙을 오가는 모든 비행기가 새에 관한 데이터를 수집하게 하자는 계획을 세웠다. 다른 계획으로는 멕시코만 연안과 중앙아메리카의 새들이 도착하거나 떠나는 지역에 자동 수신기를 설치하는 방안도 있었다. 이 수신기는 추적 인식표를 부착한 명금류 개체가 이동을 시작할 때와 목적지에 도착했을 때 우리에게 신호를 보낼 것이다. 명금류는 분명 바다 위를 쉬지 않고 이동해야 하기 때문에(배나 석유 시추 시설에서 쉬는 몇몇을 제외하면), 이들 데이터를 통해 비행 속도와 방향을 계산할 수 있을 것이다. 또한 우리는 바람의 상태를 알고 있었기 때문에 비행 고도를 계산할 수 있었고, 따라서 어떤 고도에서 부는 바람이 새가 특정 시간에 특정 장소에 도착하는 데 어떻게 도움이 되는지 정확히 판단할 수 있었다. 결국 빌과 나는 이 시스템을 개발하지 못했지만, 나중에 뛰어난 모투스 사이언스컨소시엄(motus.org)에서 이와 유사한 원격측정 모니터링 시스템을 구축했다.

☆ 구글 지도 기준 플로리다에서 베네수엘라는 약 2800킬로미터, 텍사스에서 파나마는 약 3200킬로미터다. 서울에서 부산까지 약 320킬로미터인 것을 감안했을 때 거의 10배에 달하는 거리를 작은 명금류가 오가는 것을 상상해보자.
☆☆ 미국 테네시주에 본사를 둔 글로벌 택배 회사다.

몇 년 뒤 추적 인식표가 새가 있는 지역의 위치를 기록하고 데이터를 다운로드하는 데 쓸 수 있을 정도로 발전했을 때, 나는 멕시코 동부로 갔다. 새들이 날씨에 어떻게 대처하는지 알아내기 위한 탐구의 일환으로, 군함조가 허리케인의 상륙 지점을 예측할 수 있는지 알아보려 했다. 우리가 이런 생각을 하게 된 것은 커다란 허리케인이 오기 전 새들이 모두 어디론가 사라진다고 말한 허리케인 피해 지역 주민들의 이야기 덕분이었다. 사람들은 위성사진과 일기예보를 통해 허리케인의 경로를 상당히 정확하게 예측할 수 있지만, 허리케인이 상륙하는 지점을 정확히 아는 것은 여전히 중요했다. 빌과 나는 바다 위에 있는 군함조가 도움이 될 것이라고 생각했다. 군함조는 인간이 만든 어떤 기상 부표보다 바람, 난기류, 허리케인의 미세한 부분(수면과 첫 번째 공기층 사이의 온도 차이 등)을 더 잘 알고 있다. 그뿐만 아니라 군함조는 자기들만의 일기예보 모델을 머릿속에 가지고 있는 것으로 보인다.

내가 칸쿤에서 가까운 유카탄반도를 거쳐 작은 섬 콘토이로 간 것은 당시 1년에 한 번 이상은 허리케인이 이 지역에 상륙할 것이라고 예상했기 때문이다. 그러나 안타깝게도―그곳 사람들에게는 다행히도―허리케인은 이후 5년 동안 이곳에 상륙하거나 가까이 지나가지 않았다. 하지만 우리는 허리케인이 다가올 때 새들이 어떻게 인식하는지 알아볼 수 있도록 군함조 몇 마리를 잡아 가락지를 매달아두는 것이 좋겠다고 생각했다. 우리는 공기압으로 6미터 정도 되는 거리까지 그물을 발사할 수 있는 장비를 이용해 나무 위에 앉아 있는 군함조를 포획했다. 그런 다음 군함조에 맞춤한 배낭식 위성 인식표를 부착했다. 군함조의 행동을 모니터링할 수 있는 연구가 시작되었다는 사실에 조금이나마 위안을 받았다.

이튿날 아침 일찍 몇 마리를 더 잡아 인식표를 달려고 했지만, 현지 국립공원 책임자이자 공동연구자였던 페페가 보트를 타고 갈 곳이 있다며, 우리와 함께 새를 찾으러 돌아다닐 수 없다고 말했다. 무언가 흥미로운 일이 있을 것 같은 생각에 물었다. "그럼, 같이 가도 될까요?" 바로 답이 돌아왔다. "얼른 짐 싸요. 스노클, 마스크, 오리발을 준비하세요." 가면서도 어디로 향하는지 몰랐다. 하지만 초고속 딩기☆를 타고 망망대해를 향해 두 시간 반 동안 항해하던 페페가 말했다. "운이 좋으면 고래상어whale shark를 볼 수 있을 겁니다." 당시에는 전혀 알지 못했다. 군함조 연구를 통해 새들이 날씨를 예측하는 방법에 관해 기대했던 결과를 얻진 못했지만, 명금류가 드넓은 바다를 어떻게 비행하는지에 대해 완전히 다른 시각을 갖게 해줄 사건이 기다리고 있었다는 사실을.

페페는 남쪽에 고래상어가 무리지어 있다는 말을 들었다고 했다. 이제껏 나는 이 거대한 고래상어(세상에서 가장 큰 물고기)를 갈라파고스의 탁한 바다에서만 보았다. 드넓은 바다의 맑은 물에서 어마어마한 규모로 무리 지어 있는 모습을 보는 것은 모든 생물학자에게 꿈같은 일이었다. 한참이 지나고 나서야 저 멀리서 지느러미 떼가 보였다. 다섯 마리, 열 마리, 서른 마리, 아니 마흔 마리(!)

☆ 엔진과 선실이 없으며 바람을 이용해 항해하는 소형 요트다.

의 고래상어가 모여 있었다. 페페는 물속에서 유유자적 헤엄치는 상어들 사이에 보트를 댔다. 우리는 바다로 뛰어들었다. 이내 우리는 우주 끝 다른 은하계에서 온 거대한 우주선처럼 다가오는 고래상어들 앞에 떠 있었다. 우리는 이 일생일대의 장관을 즐기기 위해 오래도록 물에 머물며 고래상어와 함께 헤엄을 쳤다.

보통 잠수 후에 물 밖으로 나오면 귀가 꽉 막히는데, 이번에는 어쩐 일인지 그러지 않았다. 물 위로 떠오르자마자 익숙한, 그러나 정확히 무엇인지 알 수 없는 소리가 들렸다. 마치 음식을 먹다가 예상치 못한 맛을 느낄 때와 비슷했다. 누군가가 "아, 이건 산딸기 맛이 나네요."라고 말하기 전까지는 그 맛이 무엇인지 정확히 알지 못하는 것처럼 말이다. 분명 익숙한 소리였는데, 정확히 무엇인지를 몰랐다. 고개를 들고 나서야 정체를 알 수 있었다. 작은 가마새 ovenbird였다. 나는 일리노이를 비롯해 다른 여러 곳에서 새들에게 인식표를 붙일 때 이 가마새를 많이 잡아보았다. 북미의 조류 동물군에서 가장 익숙하게 보고 듣던 종 중 하나였다. 눈을 비비고 다시 보았다. 바다 한가운데에 가마새가 있다고? 남쪽을 향해 이주 비행을 하는 중이었을 것이다. 여기까지 날아오는 데 얼마나 걸렸을지 재빨리 따져보았다. 멕시코반도에서 왔다면 우리보다 먼저, 아마도 일출 무렵에 출발했을 것이다. 북미에서 온 것은 아니었다. 가마새는 이동하는 동안 바다 위를 쉬지 않고 비행해야 했기 때문에 출발지가 북미라면 너무 멀었다.

처음에 가마새는 하늘에 있는 작은 점처럼 보였다. 하지만 곧 이 새는 이동 중인 명금류가 멈추려고 할 때 보이는 전형적인 하강 비행을 하며 내려왔다. '흥미로운데! 녀석이 우리 보트 지붕에 내려 앉으려는 모양이야.' 하지만 녀석은 내려앉지 않았다. 보트에 사뿐히 착륙할 수도 있었지만, 우리에게서 약 100미터 정도 떨어진 물 위에 내려앉았다. 무슨 일이 벌어지고 있는 걸까?

아마도 이동하는 데 태울 지방 저장량을 충분히 비축하지 못한 새들 중 하나였을 것이고, 이동 시기를 잘못 계산했을 것이다. 분명 대양을 건너다 지친 가마새가 죽는 장면을 막 목격하는 것이라 확신했다. 나 자신이 하는 짓이 믿기지 않았지만, 고래상어를 뒤로한 채 있는 힘껏 헤엄을 쳐서 가마새가 있는 곳으로 향했다. 그렇게 가마새가 가라앉거나 고래상어보다 훨씬 큰 이빨을 가진 상어에게 잡아먹히기 전에 가마새를 잡을 수 있었다.

고래상어는 생긴 건 무서워도 여과섭식을 하는 데다 이빨도 거의 보이지 않을 정도로 작기 때문에 전혀 해롭지 않다. 하지만 크고 날카로운 이빨로 먹이를 잡는 상어는 완전히 다른 문제다. 가마새를 향해 헤엄쳐 가는 순간은 살면서 그렇게 겁이 났을 때가 있었나 싶을 정도였다. 갈라파고스에서 상어 여섯 마리가 주변을 맴돌고 있는 와중에 세 마리가 나를 호시탐탐 노린 경험을 했던 터라 상어 녀석들이 무슨 일을 벌일지 알고 있었다. 나는 스노클링을 할 때 방어용으로 항상 가지고 다니던 텐트 폴로 상어의 코를 찔러야 했다. 바다에서 여러 일을 겪다 보니 내가 물에서 이리저리 첨벙거리며 노닐고 있어도 좀 더 깊은 곳, 그리고 보이지 않는 곳에는 바다 환경에 완벽하게 적응한 생물이 내가 있는 곳을 정확하게 알고 있다는 것을 익히 알고 있었다.

하지만 가마새를 직접 보고 무엇이 문제인지 확인하고 싶었기 때문에 기회를 엿보고 있었다. 파도는 대양 치고는 높지 않았지만 가마새에게 헤엄쳐 가기에는 꽤 높았다. 가마새와 내가 동시에 파도 위에 올라타야만 가마새를 볼 수 있었다. 마침내 5미터 앞까지 접근했다. 행복감이 밀려왔다. 가마새의 지방의 양과 몸 상태를 살펴보면 녀석이 왜 바다에서 죽었는지 알 수 있을 것 같았다.

더 가까이 다가가 이제 3미터 정도 남았다. 새는 날개를 펼친 채 물 위에 누워 있었지만, 머리는 물 밖으로 나와 있었다. 그러더니 녀석이 갑자기 날아올랐다. 진짜로. 날아올랐다. 명금류가 바다에 내려앉는다는 이야기는 금시초문이었다. 명금은 어떻게 물 위에 5~10분가량 떠 있다가 날아오를 수 있을까? 그런데 날아오른 가마새가 다시 고래상어 가까이 내려오는 것 아닌가. '음, 내가 겁을 주니까 피하려다 진이 빠진 모양이군.' 어떻게 된 건지 보기 위해 더 가까이 다가가야 했다. 일행과 멀리 떨어져 칠흑같이 어두운 망망대해에서 상어가 득시글한 곳에 혼자 있는 것은 정말 끔찍했기 때문에 다시 안간힘을 쓰며 헤엄을 쳤다. 몇 분 후, 새가 있는 곳에 도착했다. 가마새는 다시 한번 날개를 펴고 몸을 둥둥 띄운 채 고개를 들고 누워 있었다. 새를 다시 놀라게 하고 싶지 않았던 나는 헤엄을 멈추었다.

전율이 일 정도로 매혹적이었다. 포세이돈과 가마새의 싸움에서 자연선택이 작동하는 장면을 본 사람은 아무도 없었지만, 아마도 매년 명금이 이동하는 기간 동안 수백만, 수천만 번 일어나는 일인 것 같았다. 다른 사람들을 흘끗 보니 고래상어와 함께 즐거운 시간을 보내고 있었다. 나는 홀로 죽어가는 가마새를 지켜보았다. 그런데 갑자기 가마새가 지저귀었다. 가마새는 날개를 퍼덕이며 물 밖으로 몸을 끌어올리고, 배 깃털에 묻은 물을 제거하기 위해 몸을 빠르게 털더니 공중으로 날아올랐다. 그리고 몇 번 더 지저귀더니 하늘로 날아올라 곧장 남쪽을 향해 마저 비행했다. 나는 가마새가 점이 되어 사라질 때까지 바라보았다.

생물학자로 살아오면서 이렇게 놀란 적은 없었다. 그동안 당연하다고 생각했던 모든 것을 이 가마새가 송두리째 뒤바꾸었다. 모든 명금류가 바다에 내려앉는다고 주장하는 것은 아니다. 하지만 멕시코 남부에서 작은 가마새 한 마리가 바다에 내려앉은 것만은 사실이었다. 이것은 자연의 장애물을 넘어 월동지로 가는 새의 이동에 대해 우리가 당연시했던 모든 것에 의문을 제기해야 함을 의미했다. 또한 일반적으로 명금류는 쉬지 않고 바다를 건넌다는 가정을 토대로 나온 비행 속도 모델이 한참 잘못됐음을 뜻하기도 했다. 과학에서는 때로 가장 단순한 설명을 따른다. 바다에 내려앉은 가마새에 관한 가장 단순한 설명은 지쳐서 진이 다 빠진 새가 바다에 떨어져 죽기 직전이었다는 것이다. 하지만 모든 생명체가 생존을 위해 투쟁하고 (동물의 삶에서 가장 중요한 사건이 일어나는 바로 그 순간 그곳에 없기 때문에 우리가 알지 못하는) 혁신적 해결책을 찾는 생물학에서는, 단순한 설명이 최선의 안내자는 아니다.

깊은 바다 위에 떠서 점이 되어 하늘로 사라지는 새를 지켜보던 나는 이 동물 개체들에게 각자의 목소리를 주어야 한다고 생각했다. 동물들 각자가 자신의 이야기를 제대로 하도록 해야 한다고 생각했다. 아울러 이 지구에서 생명체가 살아가는 방식에 대한 우리의 어리석은 가정을 (내가 그랬던 것처럼) 곧이곧대로 받아들이지 말자고 생각했다. 이 작은 가마새는 사실 그들의 세계에서 원더우먼이나 록키 발보아 같은 영웅이었을지도 모른다. 하지만 나는 추적 장치를 부착하지 않으면 동물이 무엇을 하고 있는지 결코 알 수 없다는 것을 확신하게 되었다.

올리브색등지빠귀

4 탐험하고 실패하고 틀린 것을 발견하기

1990년대 후반 일리노이에서 빌과 함께 명금류의 이동을 추적한 것은 놀라운 경험이었고, 야생에서 종 내부와 종 사이의 상호작용을 연구하는 데 영감을 주었다. 하지만 당시에는 매우 실망스러웠다. 빌과 함께 명금류를 하루나 이틀 정도 추적하고 나면 새들이 사라져버렸다. 새들이 어디에서 왔으며, 다른 새들과 어떤 상호작용을 했는지, 우리가 관찰한 시간들이 이들의 나머지 삶에 어떤 영향을 미치는지, 그리고 이동하면서 살아남았는지 죽었는지도 알수 없었다.

새를 추적하는 일은 개인적으로도 힘든 작업이었다. 봄과 가을에 6~8주 동안 진행되는 새들의 이동 시기에 밤낮을 가리지 않고 추적하기 위해 기다리려면, 여행은 물론이고 사람들과의 모든 약속도 취소해야 했다. 참석을 장담할 수 없었기에 저녁 식사 약속은 꿈도 꿀 수 없었다. 명금류 추적이 끝난 날에도 일몰 약 30분 후부터 일출 약 30분 전까지 새들을 따라다녔기 때문에 할 수 있는 일이 별로 없었다. 새를 뒤쫓아 계속해서 운전하고, 자동차에 기름이 떨어지면 부리나케 주유한 다음 다시 밤하늘에서 울려퍼지는 신호음을 쫓아 과속 딱지를 피하면서 뒤따라가는 일은 정말 힘들었다.

어떤 때는 새를 놓치지 않기 위해 제한 속도를 넘겨 운전해야 했다. 그렇다 보니 새를 따라 이동하는 동안 끊임없이 방향을 바꾸어 움직이는 커다란 안테나가 달린 낡은 차를 의아하게 여긴 교통 경찰에 붙들린 적도 더러 있었다. 우리가 무엇을 하고 있는지 정확히 설명하고 싶었지만, 그러다 보면 밤하늘에서 추적하던 작은 명금류가 영원히 사라질 수 있기 때문에 이야기를 나눌 시간 여유가 없다고 말하느라 진땀을 뺐다. 경찰이 우리 말을 믿지 않는 것을 많이 보았기 때문에 가급적 성심을 다해 이야기하려 했지만, 몇 분 이상 이야기하다 새를 놓치게 되면 이 새가 어디로 향하는지, 이튿날 아침 새가 내려앉았을 때 새로운 환경에 어떻게 반응하는지에 대한 모든 정보를 놓치게 된다. 이러한 데이터를 과학계에 종사하는 다른 사람들에게 보여줄 수는 없었다.

하지만 내 친구 롤런드 케이스Roland Kays와 나는 빌과 의논을 하면서 해결책이 있을 것이라는 느낌을 받았다. 롤런드는 파나마에서 받은 박사학위 논문에서 너구리의 친척 동물로 채식을 하며 나무

꼭대기 우듬지에 사는 킨카주너구리kinkajou를 연구했다. 친구는 정글에서 수백 일의 밤을 보내면서 두 발로 숲의 곡예사를 쫓아 움직임을 추적했다. 물론 들어간 노고는 엄청났지만, 얻은 자료는 아주 형편없었다. 우리는 함께 무선원격측정을 영원히 변화시켜 미래의 연구자들이 이렇게 오랫동안 아무 소득도 없이 밤길을 걷지 않아도 되게 하고 싶었다. 한두 해가 흐르고 내가 프린스턴대학교에서 교수로 일하기 시작한 2000년, 나는 롤런드와 함께 야생에서 종들의 상호작용을 연구하기 위해 팀을 꾸렸다.

우리는 스스로 영리하고 모험심이 강하며 미래지향적이라고 생각했다. 우리는 다른 세계와 거의 단절된 조그만 우주를 찾아 그곳에서 동물의 상호작용을 연구하기로 했다. 그러기에 외딴섬보다 좋은 곳이 어디 있을까? 친구인 프린스턴대학교의 로즈메리 그랜트Rosemary Grant와 피터 그랜트Peter Grant가 연구 지역으로 선정한 갈라파고스의 조그만 화산섬 데프니메이저 같은 고립된 섬에서도 진화가 생동감 넘치게 일어날 수 있다는 사실을 이미 보여주기 시작한 때였다. 하지만 우리는 태평양 한가운데 있는 무인도보다 훨씬 더 많은 상호작용이 일어나는 곳으로 가고 싶었다.

1990년대 중반 시애틀에서 박사후과정을 할 때 나는 바로콜로라도섬에 있는 스미스소니언 열대연구소에서 일했다. 파나마운하에 있는 이 작은 섬에서 롤런드와 처음 만났다. 당시 우리는 바로콜로라도섬이 완벽한 연구 장소가 되리라고 판단했다. 면적이 거의 15제곱킬로미터에 달하는 이 섬은 많은 종이 살 만큼 크면서도 무선원격측정을 통해 동물들을 지속적으로 추적해 이들의 상호작용을 연구할 수 있을 만큼은 작기 때문이었다.

빌 역시 시스템 설계를 돕기 위해 이곳에 왔다. 우리가 해야 할 일은 동물에게 부착할 인식표의 무선 신호를 받을 수 있는, 열대우림의 나무보다 높은 수신탑 일곱 개를 세우는 것이었다. 수신탑을 세운 다음 인식표에서 나오는 전파를 삼각 측량해 동물의 위치를 파악하고, 빌과 조지의 노하우를 이용해 동물이 무슨 행동을 하는지 알아내려고 했다. 우리가 사용한 자동무선원격측정시스템 Automated Radio Telemetry System, ARTS에 깔린 전파공학 원리는 아주 간단했다. 동물에 부착된 무선원격측정 인식표가 신호를 보내면, 동물의 왼쪽에 있는 수신탑 하나와 오른쪽(아마도 더 멀리 떨어진 곳)에 있는 다른 수신탑이 신호를 받는다. 동물의 무선 신호는 결과적으로 서로 다른 시간과 각도에서 두 수신탑에 도달하는 것이다. 그때 동물이 움직이면 무선 신호가 떨리고, 동물이 정지하면 무선 신호가 선명하게 잡힐 것이다. 적어도 그것이 우리의 계획이었다.

하지만 열대우림에 원격측정수신기 시스템을 구축하는 일은 악몽과도 같았다. 섬 양쪽으로 태평양과 대서양이 아주 가까웠기 때문에 습기만이 아니라 소금기까지 가득 머금은 바람이 금속을 빠르게 부식시키고 안테나 와이어를 먹어치웠다. 하지만 당시로서는 무선원격측정 말고는 별다른 뾰족한 수가 없었다. 숲에서는 범지구위치 결정 시스템Global Positioning System, 이하 GPS이 수신되지 않았기 때문에 GPS 사용은 불가능했다. 따라서 주변 환경에서 동물의 위치와 행동을 원격으로 파악하기 위해서는 다른 수신탑에서 나오는 무선신호의 방향을 파악하는 방법이 유일했다. 몇 년 후에 돌이켜본다면 다시는 이런 일을 하지 않겠다고 생각할 수도 있는 큰 프로젝트였다. 하지만 당시로서는 더 커다란 프로젝트를 준비하려면 아이디어를 정리할 수 있는 이런 모든 현실적인 업무와 데이터 개발이 필요했다.

다양한 종들에 무선원격측정 인식표를 부착할 수 있다는 점에서는 만족스러웠다. 자신이 연구하는 동물을 훤히 꿰고 있는 생물학자들이 많았는데, 이들은 동물의 위치를 파악하고 특정 동물에 전자인식표를 부착하는 최적의 방법을 찾는 데 도움을 주었다. 얼마 지나지 않아 우리는 야생동물에 부착하는 인식표가 어떻게 작동하는지, 동물의 자연스러운 움직임에 영향을 최소화하도록 인식표를 부착하는 방법은 무엇인지 터득하게 되었다. 인식표는 이미 전 세계 동물연구자 집단에서 시험되었지만, 프린스턴대학교의 우리 연구 팀, 스미스소니언 열대연구소 그리고 세계 곳곳에서 야생동물 원격측정을 연구하는 소규모 생물학자 연구 팀이 동물에 미치는 영향을 최소화하면서도 더 작은 인식표를 부착하는 새로운 방법을 많이 개발했다. 다음 장에서 이야기하겠지만, 프로젝트가 마무리될 무렵—다음 장에서 다룬 것처럼 미국 뉴저지주 케이프메이에서 이동하는 잠자리를 만난 이후—에는 곤충에 부착할 수 있을 만큼 작은 인식표를 설계하기도 했다.

우리 동물생태학 연구자들은 흥분을 감추지 못했다. 새롭게 개선된 인식표를 사용해 원숭이, 긴코너구리coati, 아구티agouti, 오실롯ocelot, 딱따구리, 흰매, 나무늘보, 심지어 난초벌orchid bee까지 연구할 수 있게 되었기 때문이다. 원격측정 시스템이 본격적으로 가동된 몇 년 동안 전 세계에서 온 많은 학생과 동료가 바로콜로라도섬에서 우리와 함께했다. 당시에는 아구티에게 걸 50그램짜리 목걸이 형태의 무선기기가 가볍고 신체공학적으로 적합하다고 생각했다. 그때까지만 해도 15년 뒤에 자동무선원격측정시스템 프로젝트를 진행할 당시의 컴퓨터 성능만큼이나 강력하지만 무게는 5그램도 안 되는 훨씬 더 정교한 추적 장치가 나오리라고는 생각하지 못했다. 이 장치는 작은 포유류의 귀에 붙일 수 있는 진정한 착용형 기기로, 자동무선원격측정시스템 프로젝트 당시에는 꿈도 꾸지 못했던 것이다.

섬에 있는 중앙 실험실 컴퓨터는 카페테리아 옆에 있었는데, 우리를 비롯해 모든 사람이 실시간으로 동물들의 위치를 확인할 수 있었다. 이른 새벽 해 뜨기 전 동물을 관찰하러 나가고 싶을 때면, 지도에서 동물의 대략적인 위치를 보여주는 조그만 점을 확인했다. 덕분에 정확한 지점을 찾아갈 수 있었기 때문에 몇 시간 또는 종일—이전에는 종종 빈손으로 돌아오기도 했다—숲에서 동물을 찾아 헤맬 필요가 없었다.

동물들이 어디에 있는지 실시간으로 정보를 얻고, 숲으로 나가 직접 관찰하며 오랜 시간을 함께할 수 있다는 점이 이 시스템의 가장 흥미롭고 유용한 측면 중 하나였다. 연구소 컴퓨터에서 점들을 관찰하다 보니 동물 개체들이 끊임없이 상호작용하고 있다는 사실이 점점 더 분명해졌다. 아구티는 오실롯을 경계하며 살아가고 있었는데, 이제 우리는 그 이유를 알게 되었다. 오실롯은 항상 아구티를 찾아다니며 숨어 있다 공격했다. 이러한 상호작용에 대한 정보를 바탕으로 아구티가 가장 두려워하는 장소인 '공포의 풍경'뿐만 아니라 '에너지 소비의 풍경'을 보여주는 지도를 그릴 수 있었다. 아구티 개체는 다양한 장소에서 어느 정도의 에너지를 쓰며, 어떻게 이곳에서 저곳으로 옮겨 다닐까? 녀석들이 자주 지나다닌 길은 어디였을까? 새로운 길을 뚫었을까, 아니면 옛날부터 지나다니던 통로나 문화적으로 이어 내려온 통로의 망을 이용했을까? 섬 전체를 이리저리 누비며 다닌 녀석들도 있을까? 우리는 나무 위에 사는 종에 대해서도 비슷한 지도를 그릴 수 있었다. 원숭이들은 어떤 종류의 고속도로를 이용했을까? 우듬지에서 과일을 먹고 꿀을 빨며 밤에만 움직이는 재미있는 너구리 친척인 킨카주는 어떨까?

매일 동물의 삶에서 우리가 몰랐던 완전히 새로운 사실을 알게 되었다. 우리는 마침내 어떤 동물이 언제 어디서 누구를 잡아먹는지 연구할 수 있었다. 오실롯이 아구티를 언제 죽였는지, 아구티가 어미나무에서 땅에 떨어진 열매를 언제 옮기는지 바로 알 수 있었다. 대부분 아구티는 열매를 다른 장소로 옮긴 다음 땅에 묻었다. 그런데 알고 보니 나무와 아구티 사이에 이해충돌이 있었다. 검은 야자나무처럼 씨앗이 큰 나무는 씨앗을 퍼뜨리기 위해 아구티와 같은 큰 설치류가 필요하다. 그러나 나무는 씨앗을 나무의 그늘에서 멀리 옮기는 아구티에게만 관심이 있다. 나무 그늘 안에 있는 씨앗은 대부분 심한 경쟁을 겪어야 하고 세균과 곰팡이에 훼손될 수 있으며, 종종 그늘 때문에 싹을 틔우지 못하기 때문이다. 아구티가 씨앗을 묻는 행동은 미래의 식량을 저장하는 비축의 행위다. 그러나 나무가 가장 관심을 갖는 것은 오실롯의 존재다. 나무 입장에서는 아구티가 오실롯에게 잡아먹혀서 아구티가 어미나무에서 옮긴 씨앗이 온전히 싹을 틔워 새로운 나무로 자랄 수 있도록 하는 것이 이상적이다.

한밤중에 아구티의 신호가 끊기는 일이 자주 일어났다. 이런 일이 발생하면 상황 파악을 위해 잠에서 깨어났고, 보통 누군가 달려가 동작감지 카메라를 설치해 아구티를 죽인 범인을 확인해야 했다. 카메라 트랩을 사용하면 범인이 범죄 현장으로 돌아와 먹이를 먹을 때 정확히 무슨 일이 있었는지를 원격으로 감지할 수 있었다.

수많은 현장 관찰과 결합한 우리의 자동무선원격측정시스템은 세계 곳곳의 수많은 곤충이 하는 것처럼 식물들을 오가며 꽃가루를 옮기는 데 중요한 역할을 하는 난초벌의 움직임을 연구할 수 있었다. 정말 놀랍게도, 집 밖 나들이를 꺼린다고 추정했던 이 난초벌은 먼 거리를 이동했다. 심지어 수분할 새로운 나무를 찾기 위해 섬에서 본토로 갔다가 몇 시간 뒤에 다시 섬으로 돌아오기도 했다. 난초벌의 믿기지 않는 활동과 나무의—바람을 타고 멀리까지 퍼지는 향기와 개화 시기를 이용한—엄청난 조종 능력 덕에 벌은 나무의 생존과 번식을 위해 먼 거리를 날아가야 했다.

흥분의 나날이었다. 매일 새로운 행동을 탐구하고 새로운 과학적 방향을 찾기 위해 미지의 세계로 나아가는 또 다른 모험이 이어졌다. 하지만 장기적으로 보면 실패가 훨씬 더 중요하기 때문에 이에 대해 짚고 넘어가고자 한다.

자동무선원격측정시스템은 놀라운 기술적 쾌거였다. 하지만 진행하는 모든 프로젝트에서 들어오는 데이터와 어느 정도 성공하면서 들어오는 모든 데이터, 특히 메타 데이터를 정리하는 것이 점점 어려워지고 있었다. 메타 데이터는 어떤 동물이 다른 어떤 동물을 따라다녔는지, 어떤 인식표를 사용했는지, 인식표의 무선 주파수는 무엇인지, 온도, 습도 및 동물 활동에 따라 무선 주파수가 어떻게 변했는지 등 결과를 제대로 이해하기 위한 필수 정보다. 인식표에 사망 감지 센서가 있었는가? 인식표의 출력 전력은 얼마였나? 인식표의 지속 시간은? 인식표는 어떤 방식으로 부착했는가? 이 모든 정보를 우리가 활용할 수 있는 방식으로 정리해야 했는데, 당시에는 이를 위한 시스템이 제대로 갖춰지지 않았다. 게다가 원격측정 수신탑에서 보내는 데이터가 중앙 실험실로 계속 흘러 들어왔고, 이 모든 것을 폴더에 저장했지만 데이터베이스에 체계적으로 저장하지는 않았다. 이러한 모든 데이터, 특히 동물로부터 얻은 모든 정보에 해석이 필요했지만 너무 방대해 엄두가 나지 않았다.

당시의 현장 생태학 연구는 대부분 대규모로 데이터를 정리할 필요가 없었기에 그 방법론도 갖추지 못했다. 현장 생태학자들은 대부분 한 장소에서 한 종 또는 극소수의 종을 연구했고, 인식표로 얻은 데이터는 거의 없었다. 곰이나 늑대 연구자들은 적어도 초창기에는 해당 종에만 집중할 뿐 포식자와 먹이 그리고 까마귀와 같은 청소부 사이의 상호작용을 연구하지 않았다. 해양 포유류 연구자들은 대규모 서식지 내에서 해당 지역에 풍부한 종을 연구하는 경우가 많았다. 하지만 우리는 수많은 동물과 종으로부터 매 순간 데이터를 받았다. 끊임없이 흘러 들어오는 데이터를 각기 다른 연구에 쓸 수 있도록 다양한 동물 정보 시스템으로 나눠야 했고, 데이터를 최대한 실시간에 가깝게 여러 연구자에게 제공해야 했다. 말하자면 휴대전화 추적 시스템과 비슷하다고 볼 수 있다. 휴대전화 회사는 각 계정과 각 개인의 네트워크 사용 현황을 파악해야 한다. 또한 수신 및 발신 통화를 추적하고, 각 개인이 사용한 만큼 요금을 청구해야 한다. 우리가 무브뱅크에 관한 아이디어를 생각한 것이 바로 이때였다.

무브뱅크(movebank.org)는 지구 곳곳에 사는 생명체의 이동과 변화를 기록하고 보존하기 위해 만들어졌다. 당시 존재했던 통상적인 박물관을 한번 생각해보자. 전시물은 정적이었다. 동물에 대해 알 수 있다는 점에서는 흥미로웠지만, 동물들의 세부적인 이야기는 빠져 있다는 점에서 따분하기도 했다. 동물에 대한 우리의 지식은 살아 있는 존재의 껍데기에 불과했다. 무브뱅크를 통해 우리가 이루고자 했던 것은 지구의 살아 있는 맥박의 역사였다.

유럽 침략자들이 북미 대륙을 통해 서쪽으로 퍼져나가기 전에 무브뱅크가 존재했다면, 오늘날 우리가 어떤 정보를 얻을 수 있었을지 상상해보자. 원주민들이 어떤 동물을 관찰했는지, 어떤 도구와 접근 방식을 사용했는지 알 수 있었을 것이다. 대평원에서 들소들이 계절에 따라 어떻게 움직이는지에 대한 통찰을 얻었을 것이다. 늑대와 곰이 원주민들과 어떻게 상호작용했는지, 옐로스톤 광역 생태계와 그 너머를 어떻게 돌아다녔는지 알았을 것이다. 루이스 클라크 탐험대*는 현지 사슴과 어떻게 교감했을까? 겨우내 탐험대를 먹여 살린 연어는 언제 어디로 이동했을까? 같은 19세기 후반, 나그네비둘기는 어디를 돌아다니며 먹이를 먹었을까? 토머스 제퍼슨과 독일의 탐험가 알렉산더 폰 훔볼트Alexander von Humboldt는 (훔볼트와 에메 봉플랑Aimé Bonpland이 베네수엘라 탐험 중에 입력했을) 무브뱅크 기록을 바탕으로 아마존 열대우림에서 기름쏙독새oilbird가 어떻게 이동했는지 논의할 수 있었을 것이다. (이에 대해서는 나중에 설명하겠다.)

바로콜로라도섬에서 보낸 어느 날 밤, 우리는 파나마산 럼주를 마시며 데이터 실패에 대해 곰곰이 생각했다. 우리는 수십 종 정도가 아니라 수백, 수천 종의 동물에 대비할 수 있도록 접근 방식을 확장해야 했다. 동시에 데이터를 정리하고 보관해 영구적으로 사용할 수 있는 방법을 찾아야 했다. 또한 연구자와 일반인들이 인식표를 달고 추적하고자 하는 동물과 상호작용하고 학습할 수 있는 도구도 제공해야 했다. 말하자면 정보를 저장, 공유, 보관할 수 있는 동물 인터넷이 필요했다. 당시 우리는 이 아이디어가 어디로 이어질지 몰랐지만, 우리가 나아가야 할 방향이라는 것은 알고 있었다.

이 모든 문제를 붙들고 고민하는 동안 우리는 시스템 자체에 모든 작업에 영향을 미치는 훨씬 더 중요한 결함이 있음을 깨달았다. 동물들이 보내오는 데이터를 보니 우리의 접근 방식 전체가 잘못

☆ 미국 대통령 토머스 제퍼슨(Thomas Jefferson)의 명령으로 메리웨더 루이스 (Meriwether Lewis) 대위와 윌리엄 클라크(William Clark) 소위의 지휘 아래 총 서른세 명의 미국군이 진행한 탐험이다. 1804년부터 1806년까지 현재 미국을 가로질러 태평양에 이르는 경로를 거쳤으며, 그 과정에서 수많은 원주민들과 거래했다.

되었다는 것을 알 수 있었다. 우리는 동물들이 끊임없이 상호작용할 뿐만 아니라 어느 한 장소에 머물러 있지 않는다는 사실을 근근이 깨우쳐가고 있었다. 다시 말해 사람들 모두가 이곳은 완전히 고립된 섬이라고 말했음에도 불구하고 동물들은 '우리'의 열대우림에 머물러 있지 않았던 것이다. 박쥐들은 섬을 오가고 있었다. 난초벌들은 본토로 날아갔다가 다시 섬으로 돌아왔다. 긴코너구리는 종종 운하를 헤엄쳐 건넜다. 심지어 원숭이들도 본토로 여행을 떠나기도 했다. 하지만 정말 놀라운 것은 오실롯도 본토와 섬을 오갔고, 그중 일부는 여행에 대한 충동으로 값비싼 대가를 치르기도 한다는 사실이다.

오실롯 목줄 인식표 중 하나가 섬 가장자리에 있는 석호에서 '삐' 하는 신호음을 보냈다. 소리가 나는 곳으로 가보니 물속 어딘가에서 무선 신호가 흘러나오고 있었다. 다행히 수심이 깊지 않아서 가툰호수 바닥에 있는 목줄을 찾을 수 있었다. 목줄 인식표를 건져내자마자 이 불쌍한 오실롯에게 안타까운 일이 일어났음을 알 수 있었다. 목줄에 악어에게 물린 자국이 있었다. 오실롯이 섬을 떠나려고 할 때 악어가 잡아서 머리를 물어뜯고 목줄을 떼어낸 다음 이 불쌍한 동물의 나머지를 삼킨 것이 분명했다. 아니면 더 끔찍하게도 악어가 오실롯을 통째로 삼킨 다음 목줄만 뱉어냈을 수도 있었다. 생각하면 몸서리가 쳐지지만, 우리가 고립되었다고 생각했던 세상이 실제로는 고립되어 있지 않다는 것을 깨닫게 해준 사건이었다.

우리가 연구하고자 했던 작고 독립된 우주는 실은 거대한 이동

과 소통의 네트워크에서 하나의 노드^{node}인 것으로 밝혀졌다. 돌이
켜보면 너무나 당연한 이야기였다. 특히 이보다 더 거대한 열대우
림 환경의 모든 생물다양성을 고려한다면, 겉보기에 고립된 섬이
라도 매우 긴밀하게 연결되어 있다고 생각해야 했다. 물을 건너지
않고 한곳에서 평생을 보내는 종도 있지만, 그런 종에서도 동물계
의 폴리네시아 사람들☆처럼 고향이나 사랑하는 작은 섬 혹은 지역
을 떠나 더 푸른 목초지나 모험을 찾아 길을 떠나는 개체들이 항
상 있다. 섬을 떠나고자 했던 개체들은 대부분 청소년기 동물들이
었는데, 이는 그곳에서 연구하던 대부분의 사람들이 몰랐던 사실
이다. 이 발견은 향후 전 세계적 시스템을 성공적으로 구축하는 데
중요한 열쇠가 되었다. 처음에는 우리가 완전히 실패했다고 생각
했지만, 아마도 그때까지 우리가 얻은 그 어떤 교훈보다 크고 중요
한 깨달음이 아니었나 싶다. 세상은 서로 연결되어 있으며, 동물은
우리가 투영하는 물리적·정치적 경계를 넘어 상호작용하고 있다
는 사실 말이다.

우리 프로젝트의 실패를 기억하기 위해 우리는 자동무선원격측
정시스템을—궁극적으로는 목표에 도달했지만, 지속적으로 유지
할 수 없는 엄청난 프로젝트였던—피츠카랄도 탐험$^{Fitzcarraldo\ expedition}$
이라고 불렀다. 베르너 헤어초크$^{Werner\ Herzog}$의 영화 제목이기도 한

☆ 중태평양 및 남태평양에 흩어져 있는 여러 섬들을 오가던 민족으로, 뛰어난
항해 기술을 사용해 오래전부터 대양을 누볐다.

피츠카랄도는 아마존의 유명한 고무 거상으로, 이키토스에 오페라 하우스를 짓고 이탈리아 테너 엔리코 카루소Enrico Caruso를 데려와 노래하게 하려고 했다. 피츠카랄도는 카루소의 열렬한 팬이었다. 피츠카랄도는 열대우림을 탐험할 무렵 우리만큼이나 어리석었다. 우리는 중요한 문제를 해결할 수 있다고 생각했지만, 원래의 가정에 전체적으로 결함이 있었기 때문에 아무리 노력을 쏟아부어도 문제를 해결할 수 없다는 것을 깨달았다. 고립된 섬에서 종들 간의 상호작용 원리를 연구할 수 있다고 생각한 것이 실패의 원인이었다. 피츠카랄도의 실패는 열대우림 탐험을 통해 이키토스에 오페라하우스를 지을 수 있을 만큼의 돈을 벌 수 있다고 생각한 데 있었다. 하지만 피츠카랄도는 실패에도 불구하고 카루소와 오페라 출연진 전체를 이키토스로 데려와 야외 공연을 열었다. 피츠카랄도와 우리의 위대한 실험은 모두 단기적으로는 성공했지만 장기적으로는 실패했다. 이 두 실험은 모두 몽상가들에게 그들이 예상했던 것보다 더 많은 영감을 주었을 것이다.

여기서 우리가 얻은 교훈은 탐험하고, 실패하고, 우리의 가정이 왜 틀렸는지를 발견하라는 것이다. 그런 다음 마음을 가다듬고 다시 나아가는 것이다. 밖으로 나가 할 수 있는 일을 시도해보지도 않고 가만히 앉아 있기에는 인생이 너무 흥미진진하다.

무선 인식표를 단잠자리

5

카우보이
걸음걸이의 비밀

 연구자로 일생을 살아오는 동안 나는 아이디어를 테스트하고 새로운 아이디어를 떠올리기 위해 밖으로 나가 현장 연구를 하곤 했다. 전 세계를 돌아다니는 현장 연구는 당연히 위험하다. 철저하게 준비하고 대비할 수도 있지만—개인적으로 나는 정말 꼼꼼히 준비를 잘하는 사람이라고 생각한다—미처 준비할 수 없는 것들도 많다. 지금부터 한 가지 이야기를 해보고자 한다. 파나마에서 난초벌을 위해 사용했던 소형 발신기가 개발된 과정에 관한 이야기이기도 하다.

 2005년 프린스턴대학교 생태학과 조교수로 있을 때였다. 친구이자 동료인 보존생물학자 데이비드 윌코브David Wilcove와 함께 조류 관찰을 위해 케이프메이로 갔다. 우리는 희귀 도요새를 보려고 해변을 따라 걸었다. 푹푹 찌는 더운 날이었고, 도요새는 보이지 않았다. 하지만 하늘에는 수많은 점 같은 것들이 가득했다. 새를 보고 싶었던 나는 망원경에 비치는 흐릿한 물체는 거들떠보지도 않은 채 계속 해변을 살폈다. 잠시 후 데이비드가 말했다. "잠자리가 이동하는 날인 것 같아." 쌍안경을 내리고 이리저리 날아다니는 흐릿한 물체를 보니 눈앞에 수백, 수천, 수만 마리의 잠자리가 들어왔다. 어떤 잠자리는 해안을 따라 위아래로 날아다녔고, 어떤 잠자리들은 남쪽으로 줄지어 날았다. 정말 엄청난 대이동이었다. 고맙게도 데이비드가 장난하듯 농담처럼 이야기했다. "절대 추적할 수 없을걸."

그날 저녁, 빌에게 전화를 걸어 잠자리용 초경량 소형 발신기가 필요하다고, 무게는 최대 250밀리그램 정도여야 한다고 말했다. 언제나 그렇듯 빌이 말했다. "아, 그거 10년 전에도 생각했어요. 그때는 불가능했지만 지금은 크리스털*이 충분히 작아진 것 같아요. 짐에게 전화해볼게요." 빌의 아들인 짐 코크런은 우리에게 말하지도 않은 채 이미 작은 크리스털을 개발해놓았고, 발신기 회로기판을 소형화하는 방법도 이미 알고 있었다. 2주 뒤 잠자리에 딱 맞을 정도로 조그만 나노 무선 발신기를 처음 만들었을 때 데이비드가

☆ 통신에서 사용되는 무선주파수를 지정하는 장치다.

얼마나 놀랐을지는 상상도 못 할 것이다.

발신기를 400메가헤르츠 대역으로 조정해 송신 안테나의 길이를 약 4센티미터로 줄일 수 있었다. 우리의 150메가헤르츠 대역에 맞춰 사용한 15센티미터짜리 일반 발신기 안테나보다 훨씬 짧았다. 이렇게, 이동하는 잠자리를 추적할 준비가 끝났다.

남은 문제는 잠자리를 충분히 잡을 수 없다는 것이었다. 잠자리를 잡는 것쯤은 다른 일에 비하면 식은 죽 먹기일 것이라 생각했다. 동료 마이크 메이Mike May, 데이비드 모스코위츠David Moskowitz와 함께 뉴저지 중부에 있는 럿거스대학교 근처의 아름다운 초원에서 바보처럼 비틀거리며 잠자리를 잡았다. 각자 손에 기다란 잠자리채를 들고 있었다. 잠자리를 잡으려고 사방팔방 뛰어다녔지만 아무 소득이 없었다. 녀석들은 우리보다 똑똑하고 빨랐다. 이튿날 아침에는 전보다는 나았다. 아직 공기가 서늘할 때 나간 덕분에 온혈 포유류인 우리는 차가운 공기에서 재빠르게 반응하지 못하는 냉혈 곤충보다 유리했다. 천신만고 끝에 이동 중이던 수천 마리의 잠자리 중 열다섯 마리를 잡았다. 우리는 새롭게 만든 나노 인식표를 조심스레 부착했다. 이동하는 개별 곤충을 추적할 수 있는 최초의 인간이 된 것이다.

나는 프린스턴 비행장에서 소형 세스나Cessna 비행기를 빌려 뉴저지를 비롯해 근처의 펜실베이니아와 델라웨어를 비행하며 작은 비행 생물을 추적했다. 얼마 뒤, 지상에서 약 150미터 이내에서 위치를 파악하는 방법을 알아냈다. 이제 공중과 지상 수색을 결합할 수 있게 된 것이다. 나는 공중에서부터 케이프메이 근처의 숲 가장자리까지 첫 번째 이주 잠자리를 추적했다. 케이프메이 공항에 세스나를 착륙시킨 뒤에는 팀원들이 나를 데리러 왔고, 이후에는 걸어다니면서 이 작은 곤충 친구를 계속 수색했다. 동쪽의 붉은 삼나무에서 신호가 울렸다. 우리는 나무 주위에 서서 세계 최고급 쌍안경 다섯 쌍으로 나무의 뿌리부터 꼭대기까지 샅샅이 뒤졌지만 무선 신호를 통해 그곳에 있다는 것만 알았지 작은 곤충을 찾을 수는 없었다.

좀 더 가까이 다가가기 위해 나무에 올라가기로 했다. 잠자리가 중간 기착지에서 어떻게 시간을 보내는지 직접 눈으로 보고 싶었다. 안타깝게도 나는 몇 년 전 독일 뮌헨에서 생물학을 공부할 때 식물 동정 시험에서 두 번이나 낙방했을 정도로 식물 동정에는 젬병이었다. 하지만 아무리 유럽에서 건너왔다고 해도 적어도 미국 동부에 덩굴옻나무poison ivy가 있다는 사실 정도는 알고 있어야 했다. 잠자리가 앉아 있는 삼나무 앞에 서 있을 때만 해도 그저 나무에서 자라는 평범한 담쟁이덩굴이라고 생각했다. 때는 여름이었고, 나는 반바지를 입고 있었다. 나무에 올라가는 것도 여간 힘든 게 아니었다. 맨 허벅지로 나무줄기를 붙들고 천천히 기어 올라갔다가 나중에 미끄러져 내려와야 했다.

잠자리를 발견했을 때는 정말 황홀했다. 더 정확히는 푸른무늬왕잠자리green darner였다. 독일에서는 미국왕잠자리로 알려져 있는데, 실제로는 날벌레 왕족의 뼈대 있는 병사였다. 잠자리는 가장 높은 나뭇가지에 교묘하게 섞여 매달린 채 가만히 있었는데, 반투명한 날개가 나뭇잎에 가려서 포식자의 눈을 피할 수 있었다. 뿌듯함이 밀려왔다. 녀석은 무선 발신기의 신호를 통해 이동 중에 추적된 최초의 곤충일 뿐만 아니라 해변의 나무에 내려앉아 쉬는 모습을 눈으로 직접 본 곤충이었다.

나무줄기를 미끄러져 내려간 나는 모두가 쌍안경으로 잠자리를 볼 수 있도록 잠자리가 있는 곳을 가리켰다. 잠자리를 발견하다니 이보다 기쁠 수는 없었다. 잠자리가 남쪽으로 이동하는 동안 잠자리의 행동을 이해하는 데 유용했을 뿐만 아니라, 이제 중간 기착지의 행동까지 연구할 수 있게 되었다. 몇 시간 후 내가 알게 된 것은 덩굴옻이 정말로 화상을 일으킨다는 사실이었다.

그 후 비행기에서 잠자리를 추적하는 2주 동안 나는 다리 사이에 얼음주머니를 끼고 살아야 했고, 차가운 요구르트와 오이 조각을 붙이고(할머니의 화상 치료법 중 하나다), 의료용 크림을 연신 발라 통증을 덜어냈다. 걸을 때는 다리를 최대한 벌려야 했다. 그제야 왜 카우보이들이 그런 식으로 걷는지 이해하게 되었다.☆ 대학에 돌아와서는 사람들에게 당시 일을 말하지 않았다. 덩굴옻나무 때문에 허벅지 안쪽이 심하게 화상을 입어 걷기도 힘들다고 동료나 학생들에게 말할 수 없었다. 그저 조심조심 살살 걸어다닐 따름이었다. 식물 동정을 더 열심히 공부했더라면 이런 일은 없었을 것이다.

☆ 말을 타고 있을 때와 비슷한 모양으로 다리를 구부린 채 걷는 걸음걸이를 말한다.

군대개미와 개미새

6 우리의 스푸트니크와도 같은 순간

2001년 2월, 우리는 파나마운하 근처의 작은 마을 감보아에 있었다. 당시 나는 프린스턴대학교에서 생태학 현장 수업 중 한 파트를 가르치고 있었고, 파나마 열대우림에서 연구를 진행하고 있었다. 배를 타고 조금만 가면 우리가 막 자동무선원격측정시스템을 구축한 바로콜로라도섬이 있었다.

일리노이 출신으로 전파천문학 연구자인 나의 오랜 친구 조지 스웬슨이 전날 합류했다. 우리는 바로콜로라도 건너편에 있는 본토의 열대우림에 조류를 관찰하러 갔다. 조지는 젊었을 때 알래스카의 데날리산을 등반할 정도로 야외 활동에 열성적이었다. 하지만 이제 여든이 다 된 그는 걷는 것도 힘에 부쳤다. 상황이 이런지라 스미스소니언 열대연구소 보트 중 하나인 선외 모터가 달린 작은 딩기를 탔고, 그렇게 '우리' 섬 인근의 아름다운 석호로 서둘러 갈 수 있었다. 주변 환경은 독일의 자연학자 알렉산더 폰 훔볼트가 1799년 '미국의 적도 지역'을 탐험했던 때를 떠올리게 했다. 새로 탄생한 미합중국의 3대 대통령 토머스 제퍼슨이 1804년 3주 동안 방문하기 5년 전이었다.

경이로운 아침이었다. 우리는 중앙아메리카에서 가장 크고 위풍당당한 맹금류인 부채머리수리harpy eagle를 보았다. 그리고 운 좋게도 군대개미 떼를 볼 수 있었다. 습격하는 군대개미 떼는 자연의 진정한 기적이었다. 수백만 마리의 겁 없는 개미 군단이 숲 바닥에서 모든 곤충과 거미, 전갈, 작은 개구리들을 쫓아 올렸다. 군대개미가 옆에 있으면 움직일 수 있는 모든 것이 움직인다. 뿐만 아니라 주변에 군대개미가 있으면 공중에도 위험이 도사리고 있다. 군대개미 주변에는 항상 여러 종의 개미새antbird 무리가 따라다니는데, 그중 일부는 군대개미 주변에서만 먹이를 찾는다. 이 새들은 개미들과 운명을 같이 한다. 개미가 습격하지 않으면 새들은 살아남을 수 없다. 새들은 개미 떼가 습격하는 곤충, 거미 등 모든 먹이를 먹으려고 한다. 정글 바닥에 있는 불쌍한 동물들은 진퇴양난에 빠져 선택의 기로에 놓인다. 바닥에 남아 개미 떼가 놓치기를 바라거나—몰려오는 군대개미는 몰아치는 허리케인이나 회오리바람처럼 무자비해서 살아남을 가능성이 희박하다—개미새를 피할 수 있기를 바라며 나무나 가지로 뛰어오르거나 날아오르거나 허둥지둥 달

아닐 수밖에 없다. 하지만 개미새는 뛰어난 공중 곡예사이기 때문에 이 또한 쉽지 않다. 개미새는 도망가는 곤충과 거미를 먹잇감으로 삼으며 일생을 살아왔기 때문에 영화 〈탑건〉의 조종사도 간단히 제압할 것이다.

군대개미 무리는 믿을 수 없을 정도로 장엄하다. 발 여섯 개가 달린 개미 무리는 일대를 대혼란과 공포로 몰아넣는다. 수백만 마리의 개미가 협력해 앞을 가로막는 모든 것을 잡아 죽인다. 이 개미들은 평생 이동하며 살아간다. 군대개미는 매일 밤 자기들끼리 뒤엉켜 새로운 이동식 집을 짓고 야영을 한다. 여왕개미는 개미들이 모여 만든 집 내부 깊숙한 곳에 머무르는데, 병정개미와 일개미는 자기들의 몸만을 사용해 복잡한 3차원 구조를 만들어 여왕개미를 보호한다. 이들 개미는 개별적으로 보면 놀랄 게 없지만, 집단으로 보면 다리를 건설하고 자체적으로 만든 도로를 따라 습격 전선에서 먹이를 가지고 돌아온다. 이렇게 하면 수십만 마리의 개미가 서로 다른 방향으로 숲을 이동하더라도 교통 체증 없이 먹이 탐색을 최적화할 수 있다.

파나마에 있는 동안 우리 팀은 개미새와 군대개미의 관계를 자세히 살펴보고자 했다. 우리는 군대개미와 개미새가 정말 서로에게 이익이 되는지, 아니면 개미새가 본디 자기들이 먹이 활동을 해서 얻을 수 있는 먹이를 훔쳐 먹음으로써 숲의 작은 병사들을 이용해먹는 것인지 알아보고 싶었다. 새들은 정말 개미가 필요한 걸까, 아니면 그냥 게으른 걸까? 우리는 개미들이 곤충을 모두 습격할 수 있도록 개미새들이 곤충을 땅에 가두어두는 것이 두 종 모두에게 이익이 된다는 가설을 세웠다. 개미새는 어쨌든 날아오르는 곤충만 잡아먹을 것이기 때문이다.

우리는 측정 가능한 방식으로 가설을 테스트할 수 있을지 결정하는 것부터 시작했다. 먼저 간단한 실험을 했다. 우리는 개미들이 자기들만의 '고속도로'를 따라 야영지에 안전하게 숨어 있는 여왕에게 들고 가는 식량 품목을 세어보았다. 그런 다음 인간인 우리가 개입해 잠시 개미새들을 쫓아냈다. 개미와 개미새가 서로 도움이 된다면, 이 시간 동안 여왕에게 돌아가는 먹이가 줄어들 것이다. 만약 개미새가 이 무시무시한 군대개미에게 돌아갈 먹이를 훔치는 것이라고 한다면, 먹이를 운반하는 개미들은 개미새가 없는 시간 동안 더 많은 먹이를 운반해야 한다.

개미들을 방해하지 않고 어떻게 개미새를 쫓아낼 수 있을까? 간단했다. 개미 무리가 있는 곳에 학생들을 충분히 배치해 개미 떼가 먹이를 포위하면 학생들이 새들을 향해 물총을 쏘아 일시적으로 겁을 주면 될 것이라 생각했다.

늘 그렇듯, 이번에도 동물들은 우리에게 교훈을 주었다. 개미새들은 이미 우리가 큰 위험이 아니라고 생각하고 있었다. 주변에 너무 오래 머물렀던 탓에 우리를 진정한 포식자로 보지 않았던 것이다. 특히 한 종의 개미새—열대우림 하층식생의 위풍당당한 땅뻐꾸기ground cuckoo—는 자기가 대장이라 생각했는지 우리가 겁을 주려 해도 전혀 아랑곳하지 않았다. 의욕이 넘치는 학생들이 숲속에서 작은 개미새를 쫓아내기 위해 물총을 쏘는 모습을 상상해보라. 새들은 코웃음을 치는데 말이다.

결국 우리는 잠깐이나마 개미새들을 쫓아내 개미와 개미새의 상호작용이 기생이라는 것을, 즉 개미새가 군대개미가 먹이 활동을 해서 가져가는 먹이를 빼앗는 승자라는 것을 암시하는 순간을 포착할 수 있었다. 하지만 그날 밤 우리가 하는 이야기를 듣고 있던 탐조자들의 표정이 어땠을지 상상해보라. 파나마, 특히 파이프라인 로드 지역은 탐조자들이 세계적으로 희귀한 땅뻐꾸기를 찾는 바로 그 장소다. 땅뻐꾸기는 신열대구^{Neotropic}☆의 조류 중 가장 인기 있고 사람들이 가장 보고 싶어 하는 새 중 하나로, 이곳을 방문하는 모든 탐조자들이 한 번이라도 관찰하길 원한다. 우리는 열대우림의 하층식생에서 탐조자들이 멀리서라도 보고 싶어 하는 가장 희귀한 새를 직접 마주한 것이다. 그들이 우리가 하는 이야기를 들었다면 멱살이라도 잡고 흔들었을 것이다.

군대개미와 개미새의 관계는 우리가 자연에서 얼마나 많은 것을 배울 수 있는지 일깨워준다. 벽 보호용 페인트나 교통통제센서의 자정 유리에 사용하는 연잎의 자정 속성, 벽에 오르는 로봇에 적용되는 도마뱀 발의 접착 속성 등 우리는 동물과 식물의 형태학뿐만 아니라 (더 중요하게는) 동물의 행동에서 많은 것을 배울 수 있다. 동물이 진화해온 행동 패턴과 동물의 빠른 적응력은 더 나은 미래를 향해 우리를 인도할 것이다. 지구 곳곳에서 우리 자신의 안녕을

☆ 남아메리카와 멕시코의 남부, 중앙아메리카, 카리브 제도로 이루어진 생물 지리구다.

최적화하는 것은 하나의 종으로서 우리 인류에게 주어진 중요한 과제라는 데 모두 동의할 것이다. 내가 생각하는 목표는 기계적 생체 모방mechanical biomimicry에서 행동적 생체 모방behavioral biomimicry으로 나아가는 것이다. 우리는 분명히 배워야 할 것이 많다.

인간은 군대개미에게서 얻은 교훈을 통해 여러 유용한 것을 얻을 수 있다. 집단의 일원으로서만 생존할 수 있는 개미는 미래를 도모하기 위해 집단적으로 행동을 조정한다. 또한 개미들은 생존을 위해 주변 환경을 온전하게 보호해야 한다. 한 장소에서 과도하게 먹이 활동을 하면 그곳에 사는 모든 생물이 죽고 황폐화할 수 있기 때문에 그렇게 해서는 안 된다. 여러분은 여기서 내가 말하고자 하는 바가 무엇인지 알 것이다. 공유지의 비극은 우리뿐만 아니라 가장 미미한 존재들에게도 중요한 문제다. 무분별하게 환경을 파괴하는 것처럼 보이는 미물이라 할지라도 우리에게 많은 것을 가르쳐준다.

여하튼 다시 조지와 함께한 탐조 여행으로 돌아가보자. 이튿날 아침, 우리는 두 종의 동물 집단이 이동하는 것을 목격했다. 독수리 떼는 북아메리카 대륙 대부분을 가로질러 북쪽으로 돌아가는 길에 파나마 지협을 건너고 있었다. 아직 이른 아침이라 상승 온난 기류가 형성되지 않았고 높은 고도의 바람이 비행에 도움이 되지 않았기 때문에 독수리들은 낮게 날고 있었다. 매, 독수리 또는 다른 맹금류는 맨눈으로 보이지 않을 정도로 높이 날아 수십만 마리의 대규모 이동을 놓치는 경우가 많다. 쌍안경으로 봐야만 같은 곳을 향해 움직이는 무수한 점들로 가득한 하늘을 볼 수 있다.

우리가 본 또 다른 이동은 제비꼬리나방urania moth이었다. 이 나방은 낮에 날아다니는 나방이다. 녀석들은 파나마 열대우림을 가로질러 남동쪽으로 이동하는데, 어디로 가는지는 아무도 모른다. 베네수엘라일 수도 있고, 콜롬비아일 수도 있다. 아는 사람이 아무도 없다. 우리는 서쪽에서 정말 호시절을 보낸 것으로 보이는 수십만, 수백만, 수천만 마리의 나방이 코스타리카, 니카라과 등 북미 대륙을 향해 이동하는 것을 지켜보고 있었다. 나방은 기존 서식지를 벗어나 새로운 지역으로 이동하는데, 이런 이동은 몇 년에 한 번씩 일어나는 것으로 보인다. 어쩌면 매년 이동하지만 우리가 보지 못한 것일 수도 있다. 아니면 바람이 완벽한 해에만 우리가 있던 가툰호수 위로 이동하는 것일 수도 있다. 혹은 바람 때문에 듬성듬성 무리를 지어 날아갈 수도 있다. 어떤 해에는 오랜 시간에 걸쳐 더 분산해서 이동할 수도 있다. 아니면 바람이 좋지 않은 때에는 지상에 더 가까이 머물거나 열대우림 안에서 비행할 수도 있다. 혹은 밤에 이동할 수도 있다. 알고 있는 것보다는 모르는 것이 더 많고, 무엇을 찾아야 하는지조차 모른다. 이는 전 세계에서 일어나는 동물의 이동에 대해 우리가 아는 것이 거의 없음을 단적으로 보여준다. 제비꼬리나방이 멀리 사라질 때까지 머릿속에서 계속 생각이 맴돌았다.

오후에는 앞으로 진행할 매의 이동에 관한 연구에 적합한 장소를 찾기 위해 트럭 두 대를 몰고 파나마 지협을 가로질러 달렸다. 어느 순간 비포장도로로 접어들었지만 표지판이 없어서 계속 달렸다. 길 끝자락에 이르자 높다랗게 자란 풀로 가득하고 나무로 둘러싸인 늪지대가 나왔다. 무너진 건물 몇 채가 있었고, 전신주로 보이는 것들 사이에 전선이 매달려 있었다.

처음에는 이 오래된 구조물이 무엇인지 전혀 몰랐다. 그런데 갑자기 조지가 흥분을 감추지 못했다. 제2차 세계대전이 끝난 후 조지는 훗날 국가안보국National Security Agency, NSA이 된 국가안전보장국에서 일했다. 국가안전보장국의 최고 전파공학자 중 한 명이었던 조지는 무선통신에 대해 자문했는데, 그중에서도 불렌베버Wullenweber 안테나 배열 시스템을 최적화하는 방법을 조언했다.

불렌베버 안테나 배열 시스템에 대해 들어본 사람은 거의 없을 것이다. 이 시스템은 전 세계에 흩어진 18개 청취 기지로 구성된 극비 프로젝트였다. 자동무선원격측정시스템과 마찬가지로 무선 신호를 추적했지만, 이 시스템이 추적한 무선 신호는 바다의 특정 선박, 주로 소련 잠수함에서 나오는 것이었다. 잠수함이 기지와 통신하려면 수면 위로 떠올라야 하는데, 소련의 잠수함 기지는 모스크바에 있었다. 잠수함이 수면 위로 떠오르고 통신하는 그 짧은 순간 전 세계의 모든 불렌베버 안테나는 잠수함의 위치를 삼각 측량하기 위해 귀를 기울이고 있었다. 어떻게 보면 우리가 열대우림에서 하고 있는 일과 정확히 같았다. 다만 우리는 아구티, 난초벌, 야자열매의 위치를 찾았던 것이지만.

조지는 매우 기뻐했다. 1980년대에 폐기된 불렌베버 안테나 시스템이 이후 어떻게 되었는지 알지 못했고, 자신이 애지중지하던 시스템 중 하나가 파나마운하 바로 옆 늪지에 건설되었다는 사실도 몰랐기 때문이다. 하지만 지금 이곳에 와서 낡은 안테나 시설을 돌아다니며, 한때 연결되어 바다 어디선가 막 떠오른 소련 잠수함의 신호를 받던 금속 케이블이 매달린 오래된 전신주 사이를 휘젓고 있었다.

조지의 이야기 중 기억에 남는 부분은 잠수함의 전파가 하층 대기의 특정 높이에 도달하면 반사된다는 것이었다. 이를 통해 전파는 모스크바나 소련의 다른 지역에 있는 수신기까지 먼 거리를 이동할 수 있었다. 그전까지 나는 지구 대기와 우주 진공 사이의 경계층 특성 덕분에 상대적으로 약한 신호가 얼마나 멀리 이동할 수 있는지 깊이 생각해본 적이 없었다. 이 이야기는 나중에 필요할 때를 대비해 머릿속에 고이 기억해두었다.

짧은 여정이 끝난 저녁에는 거의 대부분 파나마운하 건설 당시인 약 100여 년 전에 지어진 감보아의 오래된 집 앞 계단에 앉아 시간을 보냈다. 집을 기둥 위에 얹은 덕에 건물 아래쪽과 집 사이로 바람이 잘 통해 무더운 여름에도 시원하게 보낼 수 있었다. 100년 전에는 에어컨이 없었고, 심지어 지금도 에어컨이 없는 집이 많다. 이 수동 냉각 시스템으로 수월하게 실내 온도를 쾌적하게 유지할 수 있었다. 하지만 현장에서의 긴 하루를 마친 우리는 해 질 무렵 손에 음료를 하나씩 들고 조용히 밖에 앉았다. 앵무새들이 노니는 모습이 보였다. 앵무새들이 이곳에 없는 몇 달 동안 어디에 머물렀는지, 이곳에 있을 때는 어디에 둥지를 틀었는지 알 수 없었지만, 서로 짝을 지어 날아다니다가 뒤쪽에 있는 나무 어딘가에서 모이는 모습을 보는 것도 흥미로웠다. 지난 몇 주 동안 동물 추적 데이터에서 수집한 새로운 정보와 자연 시스템이 작동하는 놀라운 장면들을 보면서 이 모든 것이 우리에게 어떤 의미가 있는지, 그리고 앞으로의 연구 활동에 어떤 의미가 있는지 곰곰이 생각했다.

조지가 생각이 정리되었는지 먼저 입을 뗐다. "자동무선원격측정시스템은 흥미롭고 국지적으로 이루어지는 상호작용을 이해할수 있지만, 불렌베버 시스템처럼 오랫동안 이어지지는 않을 겁니다. 잠수함의 신호를 포착했던 것처럼 하나의 종만이 아니라 모든행위자의 상호작용과 움직임을 전 세계에 걸쳐 파악해야 합니다. 더 크게 생각해야 해요." 이렇게 말하고는 잠시 멈추더니 다시 말을 이었다. "생태학자들은 세상에 대한 막중한 책임이 있음에도 이에 부응하지 못하고 있습니다. 여러분은 너무 좁게 생각하고, 전체를 아울러서 체계화하지 않으며, 정부와 사회 전반의 질문에 답하는 데 실제로 필요한 장비를 요청하지도 않습니다."

대단했다. 조지답게 간결한 발언이었다. 우주를 연구하기 위한시스템을 설계하고, 지구 바깥에서 들어오는 메시지를 듣기 위한시스템을 설비한 사람으로서, 그리고 이들 시스템이 여러 세대에걸쳐 수백 년 동안 지속되도록 설계한 사람으로서, 조지는 큰 그림을 그리고 있었다. 언짢기도 하고 말문이 막히기도 했지만 차츰 조지가 옳다는 확신이 들었다.

태어나서 죽음에 이르기까지 이어지는 개별 동물의 운명을 모른다면 어떻게 전 지구를 아우르는 동물생태학이 발전할 수 있을까? 이 동물의 습성은 무엇이고, 어디에 살고 싶어 하며, 어떤 서식지가 필요하고, 종들 사이의 관계는 어떤지를 이해하지 못한다면 무슨 의미가 있을까? 우리는 이 모든 것을 알아야만 동물들을 보호하기 위해 무엇을 해야 할지 알 수 있다. 그리고 동물의 생활방식을 이해하지 못하면 이들의 행동에서 교훈을 얻지 못할 뿐만 아니라, 미래에 우리 자신을 보호하는 데 필요한 것을 모방할 수도 없다. 행동적 생체 모방이라는 어떤 거대한 임무가 될 가능성이 있는 이 아이디어를 발전시키려면, 지구 곳곳에 사는 동물들의 개별적·집단적 의사결정을 진정으로 이해하고, 우리가 인간으로서 신뢰할 수 있고 입증된 원칙을 우리 자신의 의사결정 과정에 어떻게 적용할 수 있는지 이해해야 했다.

나는 신중하고 눈치 있는 답변이기를 바라며 대답했다. "조지, 제안하신 말씀에 일리가 있다고 생각합니다. 전 세계로 나가서 많은 종을 연구해야 한다는 말씀이시죠? 엄청난 일이긴 하지만…." 조지가 지체없이 곧바로 대답했다. "맞아요. 하지만 우리가 40년 전 미국과 세계 곳곳에서 전파망원경을 모으기 시작했을 때에도 비슷한 문제가 있었습니다. 모든 대학, 모든 단체가 각자의 망원경을 가지고 있었죠. 개별 망원경으로는 볼 수 있는 게 거의 없지만, 우리가 VLA에서 한 것처럼 서로 연결하면 우주를 거의 완벽하게 볼 수 있었습니다. 망원경을 연결하는 것만이 유일한 해결책이었습니다."

운하를 오가는 거대한 유조선 한 척이 뱃고동을 우렁차게 울리는 바람에 대화가 중단되었다. 커다란 뱃고동 소리는 마치 많은 사람이 중요하다고 생각하면 위대한 아이디어를 실행에 옮길 수 있음을 일깨우는 것 같았다. 약 100년 전, 누군가 파나마운하가 필요하다는 아이디어를 떠올렸다. 대담한 아이디어였다. 첫 번째 시도는 처참하게 실패했다. 토목공학 문제는 아니었다. 사람들은 의사결정에서 자연을 가장 강력한 요소 중 하나로 고려하지 않고 물리적 측면만 생각했다. 운하에서 일하는 노동자들은 황열병, 말라리아 등 각종 질병으로 파리 떼처럼 쓰러졌다. 말라리아가 어디에서 왔는지, 어떻게 전염되는지, 그리고 노동자들을 죽음으로 몰아넣지 못하도록 말라리아를 예방하는 방법은 무엇인지 알아야 했다. 계획 과정에서 자연에 대한 연구를 함께 진행했어야만 노동자들이 건강하게 운하를 파는 작업을 계속할 수 있었던 것이다. 자연에 대한 학습은 열대 지협을 관통하는 운하라는 허황된 아이디어를 지금 우리 눈앞의 현실로 바꾸어놓았다.

그날 파나마운하 옆에 앉아 자연으로부터 배울 수 있는 메시지의 중요함, 그리고 더 중요하게도 이 배움을 토대로 함께 노력하면 모두에게 보탬이 될 것이라는 점에 대해 생각했다.

"어떻게 이를 구현할 건가요, 조지?" 내가 물었다. 조지는 깊은 생각에 잠긴 듯 한동안 말이 없었다. 어쩌면 '쫘' 하고 귀청이 떨어져라 매미들이 울어대기 시작하고 앵무새가 날아다니며 비명을 지르고 있었기 때문인지도 모르겠다. 이윽고 조지가 입을 열었다. "스푸트니크가 발사되고 해군에 근무하던 초창기에 로켓을 이용해 실험용 위성을 쏘아 올렸어요. 전파를 방해하는 것이 아무것도 없었기 때문에 지상에서 우주까지 통신이 얼마나 원활한지 깜짝 놀랐습니다. 식물, 지질학 등 다른 자연 시스템은 이미 세계 곳곳에서 위성을 통해 연구하고 있습니다. 위성을 이용해 지구에 사는 동물들의 삶을 연구할 수 있는 과학 시스템을 구축해야 한다고 생각합니다."

지금이 바로 실무 담당자에게 전화를 걸어야 할 때였다. 일리노이에 있는 빌에게 전화를 걸었다.

"빌, 우리가 지금 운하 옆에 앉아 이야기하고 있는데, 무선 신호 수신탑을 설치하는 것 말고 위성 여러 대로 신호를 받는 방법을 생각하고 있어요. 어떻게 보세요?" 빌은 우리가 자동무선원격측정시스템 너머를 생각하고 있다는 사실에 놀라거나 당황하는 기색이라곤 전혀 없이 흔쾌히 대답했다. "제가 한번 계산해볼게요. 조그만 동물에 달린 발신기의 무선 출력과 우리가 보내는 신호의 주파수에 거리를 곱하면 쉽게 지구 저궤도에 도달할 수 있을 겁니다. 국제우주정거장International Space Station, ISS은 실제로 이를 구현할 수 있는 장소 중 하나가 될 거예요. 지금 우주비행사에게 전화해서 안테나와 야생동물 수신기를 주면 바로 콜로라도에 있는 동물들의 인식표 신호를 들을 수 있겠죠. 네, 가능하다고 생각합니다."

내가 조지에게 물었다. "조지, 이건 정말 멋진 아이디어이고 정말 단순합니다. 이를 실현하는 데 얼마나 걸릴까요?"

조지가 말했다. "글쎄요, VLA를 구축하는 데 15년이 걸렸습니다. 이미 주요 조직이 갖춰져 있는데도요. 아마도 더 오래 걸릴 겁니다."

내가 웃었다. "조지, 당신은 점점 늙어가고 있군요. 이건 정말 훌륭하고 대단한 아이디어예요. 제가 보기엔 4년 안에 해낼 수 있을 것 같아요."

이 글을 쓰고 있는 지금은 2023년이다. 저 대화를 나눈 때는 2001년이었다. 조지는 옳았고 나는 끔찍하게도 다섯 배만큼이나 틀렸다는 것이 증명되었다.

칼라파고스쥐

7

아직 배울 것이
너무 많다

파나마에서 현장 연구를 한 이후 동물의 행동에 대해 이미 알고 있는 것이 무엇이고 더 알고 싶은 것이 무엇인지 오랜 시간 고민했다. 우리가 동물들을 관찰하는 것처럼 동물들도 우리를 관찰하고 있다는 생각에 매료되었다. 그동안 참여했던 다른 연구 프로젝트에 대해 생각해보니 이런 통찰력이 얼마나 중요한지 깨달았다.

행여 야생에서 쥐를 본 적이 없다 해도, 사람들은 대부분 쥐를 최악의 형벌로 여긴다. 쥐의 명성은 익히 자자한데, 쥐라는 말만 들어도 사람들은 더러움과 질병의 이미지를 떠올린다. 영화 〈라따뚜이〉의 용감한 쥐를 제외하면, 사람들에게 쥐는 끔찍한 이미지를 가지고 있다. 하지만 사실 쥐는 내가 가장 좋아하는 동물이다. 물론 쥐라고 해서 다 좋아하는 것은 아니고, 갈라파고스제도의 산타페섬에 있는 쌀쥐rice rat를 특히 좋아한다. 이 녀석들은 정말 특별하다. 모르긴 몰라도, 산타페섬의 쌀쥐를 본 사람이 에베레스트산 정상에 가본 사람보다 적을 것이다. 갈라파고스 쌀쥐는 세상으로부터 멀리 떨어진 24제곱킬로미터의 산타페섬에서만 산다. 이 아름답고 재미있는 생물은 사람이 갈라파고스제도를 알기도 훨씬 전에 남미에서 건너온 쌀쥐의 후손이다. 오늘날 갈라파고스 쌀쥐의 조상들은 거북과 유명한 바다이구아나가 이곳에 도착한 것과 같은 방식으로 거대한 초목 더미를 타고 이곳에 왔을 것이다. 이 동물들은 모두 함께 또는 따로, 에콰도르 저지대 과야킬 해안 지역의 숲에서 떨어져 나온 거대한 초목이 수백 킬로미터의 바다를 항해한 후 해안으로 표류하면서 이 새로운 세계에 상륙했다. 파충류는 회복력이 강해 장거리 바다 여행에도 잘 견디겠지만, 포유류 중 이렇게 험난한 항해를 견뎌낼 수 있는 동물은 거의 없다. 이 조그만 쌀쥐 녀석들은 어떻게 무사히 여행을 마쳤을까? 너무 똘똘하고 혁신적이어서 거북들의 생존을 도왔을지도 모른다는 생각이 들었다.

아기 카루소의 아름다운 노래를 들으며 헤노베사섬에서 현장 연구를 하기 전 나는 갈라파고스제도 중앙에 있는 산타페섬에서 수년간 일했다. 당시 네 명으로 구성된 연구 팀 중 둘은 에콰도르 출신 생물학자였다. 나중에 친구가 된 현지 동료들은 쥐를 싫어했다. 그중 한 명은 대학에 진학하기 전까지 과야킬의 빈민가에서 자랐는데, 쥐가 발에 차이는 지역이었다. 쥐만 보면 거의 항상 본능적으로 돌멩이를 집어던졌다. 나는 개인적으로 에콰도르 출신 동료들에게 산타페섬의 쌀쥐에게 돌을 던지지 않도록 설득한 것을 교육자로서 가장 잘한 일 중 하나로 꼽는다. 나는 이 쌀쥐가 캥거루쥐 kangaroo rat나 코끼리땃쥐elephant shrew와 비슷하다고 설득했다. 세상에서 가장 귀엽고 예쁘고 조그만 포유류의 이미지를 떠올린 다음 갈라파고스 쌀쥐를 상상하며 더 귀엽다고 생각해보라고 했다.

산타페섬의 바다이구아나 프로젝트는 내가 이어받기 10년 전부터 진행되어왔다. 케임브리지대학교의 연구원 앤드루 로리Andrew Laurie가 이 프로젝트를 시작했다. 그 뒤에는 내가 박사학위를 시작한 독일 제비젠에 있는 막스플랑크 행동생리학연구소의 지원을 받아 계속 진행되었다. 내가 도착하기 전의 상황에 대해서는 말할 수 없지만, 만조선tide line에서 약 50미터 위에 현장 연구소를 차렸을 때, 쌀쥐들에게는 마르디그라Mardi Gras☆ 축제 같았을 것이다. 녀석들은 얼마나 환호성을 질렀을까. 드디어 장난감이 돌아왔다!

쌀쥐들은 우리 덕을 톡톡히 봤다. 일부러 야생동물에게 먹이를 주거나 다른 행동을 하지 않았는데도 공동 텐트 식탁 아래에는 항상 바닥에 떨어진 부스러기나 남은 음식물이 있었다. 쌀쥐들은 다른 연구원들이 주변에 있을 때는 조심했다. 적어도 처음에는 돌을 맞을 수 있다는 것을 알고 있는 듯했다. 녀석들이 너무 빨라 돌에 맞은 적은 없었으나 경계심만은 여전했다.

☆ 사육제의 마지막 날 금욕 기간인 사순절에 들어가기 전날 벌이는 축제다.

하지만 내가 텐트에 혼자 있으면 녀석들은 전혀 개의치 않았다. 녀석들은 막사 안으로 들어와 나에게 달려들고, 노트북 위에 앉았다. 펜으로 쿡쿡 찔러서 떼어내야만 글을 쓸 수 있었다. 마치 집에서 키우는 고양이 같았다. 끊임없이 즐거움을 주는 존재들이었고, 가끔은 서커스를 보는 듯한 기분이 들기도 했다. 쌀쥐들이 식탁 주위를 종종거리며 우리가 남긴 음식 부스러기를 찾으러 돌아다닐 때 흉내지빠귀가 들어왔다. 산타페섬의 흉내지빠귀는 무시무시한 녀석들이다. 몸무게는 쥐와 거의 비슷하지만 커다랗고 굽은 부리를 강력한 칼처럼 휘둘러댔다. 흉내지빠귀는 식탁 위에 있는 쌀쥐를 발견하면 쏜살같이 부리를 내리꽂아 쥐를 찌르려고 한다. 그러면 쥐는 몸을 놀려 공중으로 수십 센티미터 정도 뛰어올라 흉내지빠귀의 등에 타서는 녀석이 음식 부스러기까지 쪼아 먹지 못하도록 했다. 흉내지빠귀가 쥐를 털고 날아가면 쥐는 부스러기를 먹었다. 밤이 되면 쌀쥐가 막사에 드나든다는 것을 안 쇠부엉이가 주변을 어슬렁거렸다. 물론 녀석들은 내가 쌀쥐를 좋아한다는 것을 알아 쥐를 쫓지는 못했다.

아무도 살지 않는 자연 그대로의 갈라파고스섬에서 연구할 때 자연과 동물에 최대한 영향이 가지 않도록 노력했지만, 인간이 있는 곳이면 어디든 자연 생태계가 크게 파괴된다는 사실을 깨달았다. 우리가 들여온 것은 조그만 그늘과 쉼터, 약간의 음식 부스러기 뿐이었지만, 우리 막사는 바다에 떠 있는 뗏목과도 같았다. 사건들이 집중적으로 일어나는 지점이자 생명이 모이는 곳이었다.

얼마 지난 뒤 지역 주민의 일부로 보이는 스물여덟 마리의 쌀쥐를 모두 알게 되었다. 언제 어디를 가도 있었기 때문에 더 많은 수가 있는 것처럼 보였지만, 이내 훌륭한 목동이 되어—물론 목동은 스물여덟 마리의 쌀쥐가 아니라 수백 마리의 양을 상대할 수도 있다—행동, 크기, 생김새에 따라 녀석들의 면면을 알게 되었다. 쌀쥐는 모두 나름대로 개성이 있었다. 어떤 녀석은 모험심이 강하고, 어떤 녀석은 조심스럽고, 어떤 녀석은 유난히 빨랐다.

깊은 밤 공동 막사에 가장 늦게까지 남은 사람은 주로 나였다. 나는 불을 끄고 개인 텐트로 돌아가곤 했다. 처음 섬에 도착했을 때는 텐트를 닫아두면 숙면을 취하는 데 도움이 될 것 같아서 텐트 지퍼를 올렸다. 하지만 텐트 안에서 냄새가 날 때마다—그리고 텐트 안에는 항상 무언가가 있었다—쥐들에게는 "밥 먹으러 갈 때"라는 신호라는 것을 알고 나서는 지퍼를 그냥 내려두었다. 쥐들은 나일론 텐트든 리넨 텐트든 가리지 않고 텐트 소재를 쏠았다. 텐트를 닫을 때마다 쥐들이 갉아먹어 자기들이 드나드는 구멍을 냈다. 그뿐만 아니라 작은 구멍을 뚫어 들어왔다가 빠져나갈 구멍을 찾지 못해 텐트 안에서 찍찍 소리를 내거나 빠져나갈 다른 구멍을 찾아 쏠아놓는 경우도 있었다. 시간이 지나고 나서는 텐트가 누더기가 되지 않게 하려면 텐트를 열어두는 것이 낫겠다고 생각했다. 하지만 텐트를 열어두면 쥐가 들어오려고 하지 않았다. 녀석들도 텐트를 열어두면 안에 별게 없다고 생각한 것 같았다.

텐트를 계속 열어두자니 안 좋은 점도 있었다. 계절에 두 번 정도는 섬에 사는 커다란 지네가 슬그머니 기어 들어온 것이다. 갈라파고스의 모든 생물과 마찬가지로 지네는 사람이 밟거나 깔아뭉개지만 않으면 대체로 성질이 온순하다. 밟거나 뭉개면 물리는데, 물린 자국은 꽤나 따갑다. 사람 발 길이 정도의 지네를 텐트 밖으로 쫓아내야 했던 적이 한두 번이 아니었지만 다행히도 물린 적은 한 번도 없었다.

어느 날 밤은 너무 후덥지근해 이불을 걷어차고 매트리스 위에 맨몸으로 누워 있었다. 잠에서 깨어나니 엉덩이에 살점이 떨어지는 듯한 통증이 느껴졌다. 통증 부위를 만지자 손에 피가 묻어나왔다. 텐트 안에 쌀쥐가 있었던 것이다. 헤드랜턴을 켜고 보니 녀석의 얼굴에도 피가 묻어 있었다. 녀석은 치약이나 맛있는 냄새가 나는 월드 라디오 수신기 같은 다른 물건—쥐는 플라스틱이라면 환장을 한다—이 아니라 방금 내 엉덩이를 물어뜯은 것이다. 마음이나 몸에 문제가 있어서 녀석이 엉덩이를 문 것은 아니다. 그저 씹는 게 재미있어서 무엇이든 씹고 보는 데다 먹을 수 있는 게 무언지 모르는 산타페섬의 새끼 쌀쥐였을 뿐이다. 충격을 받긴 했지만 쥐가 원망스럽지는 않았다. 결국 쥐는 쥐일 뿐이었고, 섬 주민인 녀석들과 나는 계속해서 친구로 지냈다.

어느 날 다른 대원들이 보급품 보충 겸 휴식을 위해 본섬으로 돌아가고 혼자 캠프에 남은 적이 있었다. 다른 연구원들에게 잘 다녀오라며 작별 인사를 하고 돌아와 탁 트인 공동 막사의 탁자에 앉아 바다를 바라보았다. 차를 마시며 10여 분 정도 앉아 있는데 쌀쥐가 나타났다. 주로 밤에 활동하는 녀석들이라 특이했다. 한 마리도 아니고 여러 마리였다. 둘, 넷, 여덟, 열, 열다섯, 스물. 더는 숫자를 세는 게 의미가 없었다. 녀석들과 나는 함께 막사에서 시간을 보내고 있었다. 쥐들이 테이블 위를 뛰어다녔다. 흉내지빠귀들과 다툼이 벌어졌지만, 이제는 쥐들이 수적 우위에 있는지라 흉내지빠귀가 쉽사리 대항하지 못했다. 쌀쥐들이 나의 팔 위로 뛰어올라 어깨에 앉고, 머리 위로 올라가서 속으로 파고들었다. 믿을 수가 없었다. 이때의 일을 보여주는 증거는 없다. 당시에는 쥐들에 온몸이 뒤덮인 채 앉아 있는 내 모습을 찍을 수 있는 휴대전화도 없었다. 가진 것은 기억밖에 없지만, 그 기억만큼은 그 어떤 것보다 진실하다.

그날 밤에 일어난 일은 더 기이했다. 모두 잠잠해진 뒤 나는 개인 텐트로 돌아갔다. 돌아가는 길에 주변을 살피다 스무 마리의 쇠부엉이와 눈이 마주쳤다. 이 중 두 마리는 텐트 위에, 다른 두 마리는 텐트 안에 앉아 있었다. 부탄의 은둔자들이 조용히 앉아 동물들과 특별한 관계를 맺는다는 이야기, 기독교 문화권에서—동물과 생태계의 수호성인으로 불리는—아시시의 프란체스코가 주변의 모든 동물과 대화를 나눴다는 이야기는 들어본 적이 있었다. 하지만 이런 일이 나에게 벌어졌다는 사실이 믿기지 않았다.

동물들은 내가 혼자임을, 그리고 내가 그 누구도 해치지 않을 것임을 알았던 것이다. 녀석들에게 돌을 던지지도, 소리를 지르지도, 팔을 휘두르거나 쫓아다니지도 않았으니까. 동물들은 멀리서 우리를 관찰한 뒤 내가 홀로 있을 때와 네 명이 함께 있을 때가 완전히 다른 상황이라고 자기 혼자뿐만 아니라 집단으로도 판단했을 것이다. 동물들의 행동은 일주일 동안 계속되었다.

그러다 보니 엉덩이를 깨문 쌀쥐 녀석이 나를 깨무는 데 맛을 들인 것 같았다. 내가 테이블에 앉아 자료를 입력하고 있으면 다가

와서 발가락을 야금야금 깨물었다. 쉬기 위해 몸을 뒤로 젖히고 평소 앉을 때 사용하는 나무상자에 팔을 올려놓으면 녀석이 와서 손가락을 깨물었다. 매번 피가 난 것은 아니지만 어느 순간부터 더는 유쾌하지 않았다. 그래서 녀석을 손으로 잡아 포유류 부모가 하는 것처럼 목덜미를 잡고는 작은 천 가방에 넣었다. 녀석을 멀리 떨어진 다른 쥐 서식지로 옮기기로 했다.

해안 바위 지대를 20분 정도 걸어서 바다이구아나 관찰 구역 끝까지 간 다음, 이 녀석이 다시 막사로 돌아와 다른 쌀쥐들에게 사람 깨무는 법을 알려주지 못하게 하기 위해 10분을 더 걸어갔다. 녀석을 놓아주고 해변으로 내려가 몇 시간 동안 바다이구아나 서식지를 더 관찰했다. 그러고서는 캠프로 돌아와 차를 한 잔 마시고 있는데, 이미 짐작했겠지만 녀석이 돌아와 있었다. 녀석은 탁자 위에 앉더니 눈앞에서 음식 부스러기를 먹기 시작했다. 내가 이구아나를 관찰하기 위해 해변을 돌아보는 동안 녀석은 바로 막사로 갔을 것이다. 이 꼬마 쥐는 친구들이 있는 무리와 함께하기 위해 캠프를 향해 뛰고, 달리고, 날다시피 하면서 부산하게 움직여서 돌아왔을 것이다. 신기하게도 녀석은 이런 소동 이후로 깨무는 행동을 멈추었다. (아마 녀석도 무언가 깨달았을 것이다.)

30년이 지난 지금, 이러한 쥐의 행동이 놀랍지는 않다. 전서구傳書鳩나 그 밖의 종을 이용한 많은 실험에서 동물들은 다른 장소에 데려다 놓으면 대체로 돌아오는 방법을 알고 있었다. 또한 우리는 개나 고양이가 수백 킬로미터 떨어진 곳에서도 주인에게 돌아가는 길을 찾는 경우도 있다는 사실을 알고 있다. 아울러 이른바 '문제

동물'에 대한 경험도 있다. 남아프리카의 크루거국립공원에서 피크닉 장소를 덮치다가 잡혀 멀리 떨어진 낯선 지역으로 이주한 쿠두kudu나 하이에나를 생각해보자. 어떤 동물은 가만히 있지만, 어떤 동물은 잡혔던 장소로 곧장 달려가 상상을 초월할 만큼 빨리 나타나기도 한다.

눈앞에서 음식 부스러기를 맛있게 먹는 꼬마 쥐를 볼 때 머릿속에서는 의문이 꼬리에 꼬리를 물었다. 동물들은 어떻게 사람을 판단할까? 한 개인이 혼자 있을 때와 같은 개인이 무리의 일원으로 있을 때를 어떻게 구분할까? 어떤 사람은 돌을 던지고 어떤 사람은 던지지 않을 때, 무리 안의 다른 개인의 행동을 어떻게 판단할까? 귀소 본능 문제도 있었다. 동물과 새는 자신이 어디에 있는지 어떻게 알까? 좋아하는 장소나 편안함을 느끼는 동료에게 돌아가는 방법을 어떻게 알까? 우리는 여전히 동물이 자기가 서식하는 환경을 인식하고, 상황을 타개하는 방법에 관해 배울 것이 많았다. 동물의 삶에서 흥미로운 시기에 개체를 추적해야만 그 해답에 더 가까이 다가갈 수 있을 것이다.

이카루스

8 이카루스를 향한 기나긴 여정

감보아에서 일몰을 본 이후 2년 동안 프린스턴의 우리 팀은 무게가 1그램 정도밖에 안 되는 생체 원격측정 인식표를 포함해 범지구 동물관찰시스템에서 많은 진전을 이루었다. 2003년 즈음에는 이제 프로젝트를 제안할 수 있을 정도가 되었다고 생각했다. 국제우주정거장에 수신을 원치 않는 다른 주파수를 모두 걸러낼 수 있는 뛰어난 잡음 필터를 갖춘 외부 안테나를 세울 수 있다면, 국제우주정거장이 지나갈 때마다 매일 몇 번씩 인식표를 추적할 수 있을 것이다.

당시 우리 같은 생물학자들에게는 생물다양성 감소와 기후 변화가 전 세계적인 이슈였지만, 많은 사람들에게는 아직 요원하기만한 문제였다. 순진하게도 나는 우리가 가진 멋진 아이디어로 미국항공우주국을 설득할 수 있다고 생각했다. 나는 휴스턴에서 열린우주과학 및 기술 관련 주요 회의에 참석해 여러 우주연구소와 미국항공우주국 소속의 다양한 전문 분야 대표들과 이야기를 나누었다. 그중 관리자 하나가 귀띔을 했다. "미국항공우주국 고등개념연구소Institute of Advanced Concepts에 가보세요. 거기 가면 적합한 사람들을만날 수 있을 겁니다."

상당히 구미가 당기는 말이었다. 고등개념연구소. 바로 여기서우리 프로젝트를 진행할 수 있을 것 같았다. 나는 연구소 소장에게 프로그램의 개요와 이를 실현하기 위해 무엇이 필요한지 설명했다. 소장은 모든 프로젝트에 상당히 흥미를 보였고, 나는 우리 아이디어에 딱 맞는 곳을 찾았다고 생각했다. 좀 더 이야기를 나누다보니 고등개념연구소가 고민하고 있던 또 다른 주요 아이디어가우주 엘리베이터라는 것을 알게 되었다. 문득 이런 생각이 떠올랐다. '세상에! 이들은 우주에서 작은 명금류, 박쥐, 곤충을 추적하는일이 우주 엘리베이터를 만드는 것만큼이나 불가능하다고 생각하고 있구나.' 회의를 마치고 호텔로 돌아와 컴퓨터와 휴대전화를 끄고 발을 올려놓은 채 멍하니 앉아 있었다. 안 되는 것일까?

과학계에서 일하는 많은 사람이 그렇듯, 아무도 거들떠보지 않는아이디어를 살려내기 위한 생존 본능이 발동했다. 접근방식에 근본적으로 문제가 있다고 판단한 나는 좀 더 전략적인 방식은 무엇일지 궁리했다. 먼저 프로젝트의 명칭, 가급적이면 약어가 필요했다. 대부분의 주요 프로젝트는 머리글자를 사용한다. 모두가 어리석고 실패할 수밖에 없다고 생각하는 익숙한 아이디어, 이전에 실패한 적이 있고 앞으로도 실패할 가능성이 있는 아이디어를 바탕으로 한 기발한 약어여야 했다. 하지만 또한 이 약어에는 희망과 원대한 약속의 씨앗도 품고 있어야 했다. 이카루스Icarus! 혹독한 모험에 허술하기 짝이 없는 장비를 달고 태양에 너무 가까이 다가간 사람. 비록 아이디어는 훌륭했고 결과도 기대를 받았지만, 프로젝트는 처참하게 실패했고, 지금은 실패의 대명사로 알려져 있다. 하지만 왠지 끌렸다. 이카루스의 모험에 담긴 다양한 의미가 좋았다.

약어는 마련되었으니, 이제 그 약어를 채워야 했다. 우리는 이 프로젝트가 과학 발전을 위한 거대한 규모의 프로젝트임을 분명히 해야 했다. 전파천문학은 여러 개의 작은 망원경을 연결해 하나의 거대 망원경을 만들면서도 개별 망원경이 독립적으로 기능할 수 있도록 하는 VLA를 통해 그 길을 제시했다. 그렇다면 국제적International이라는 뜻의 I는 어떨까? 괜찮은 시작이었다. C는 도전, 아니 협력Cooperation이 더 좋겠다. A는 우리 모두all의 A, 또는 하늘 높이aloft의 A. 아, 동물을 연구하고 싶었으니깐 동물animals의 A로 하자. R은 뭐 생각할 것도 없었다. 우리가 하던 일이 연구였으니까. 연구Research의 R. 이제 US 부분으로 넘어가야 했다. 하지만 국제적이어야 했다. 연합의 U, 이건 아니다. 우주를 이용해 데이터를 얻고 싶었으니 Using Space가 좋겠다. 종종 이런 질문을 받는다. "어떻게 이런 엉뚱한 이름을 생각해냈어요?" 간단하게 답변하면 이렇다. "우주를 이용한 동물 연구 국제 협력International Cooperation for Animal Research

^{Using Space}입니다." 하지만 누군가 맥주를 마시며 이런 질문을 한다면, 나는 실패할 운명처럼 보였던 프로젝트가 결국 태양 가까이 날아간다는 약속을 지키게 될 것이라는 절망과 희망에 대한 이야기, 어쩌면 어리석을지도 모를 이야기를 들려줄 것이다.

나는 프린스턴으로 돌아와 아이디어와 연구자들을 모으고 기술적 해결 방안을 모색했다. 시기가 매우 좋았다. 미국의 새 행정부는 미국항공우주국에 우주에서 지구와 비슷한 다른 행성을 찾는 대신 달에, 궁극적으로는 화성에 더 많은 사람을 착륙시키는 데 집중할 것을 주문했다. 프린스턴대학교 우주공학과의 동료인 제러미 캐스딘^{Jeremy Kasdin}이 지구와 비슷한 특성을 가진 다른 행성을 발견하는 데 쓰는 기기와 시스템을 설계하는 수업을 하고 있었기 때문에 우리에게 큰 도움이 되었다. 제러미는 미국항공우주국이 이 아이디어를 단기적으로 보류하기로 한 결정에 좌절감을 느꼈다. 그래서 그는 자신의 위성공학 설계 수업을 우주를 기반으로 한 지구적 동물추적시스템에 대한 혁신적인 아이디어를 도출하기 위한 A단계 연구 그룹[☆]으로 제안했다. 나는 친구 캐스퍼 소럽^{Kasper Thorup}에게 함께해달라고 부탁했다. 캐스퍼는 나중에 덴마크공과대학교에서 만든 저궤도 소형 위성 큐브샛으로 똑같은 아이디어를 테스트한다.

우리는 필요 사항에 대한 설명을 준비하고, 학생들을 만나 성심껏 질문에 대답하고, 동물추적시스템의 작동 방식과 관련해 우리

☆ 대규모 프로젝트의 초기 단계에서 타당성을 검토하고 설계하는 팀이다.

가 가진 모든 아이디어를 하나로 모았다. 학생들의 임무는 전체 우주선, 안테나, 통신 시스템을 설계하는 것이었다. 학생들은 동물에 부착된 인식표의 약한 무선 신호를 300~600킬로미터 상공의 궤도를 도는 위성이 받을 수 있는지에 대한 문제를 해결하는 데 매달렸다. 여섯 달 후 대망의 날이 밝았고, 우리는 수업의 마지막 발표에 참석했다. 정말 놀라운 순간이었다. 우리는 매우 흥미롭고, 공학적 측면에서 기술적으로 혁신적이며, 전도유망한 주제에 젊은 인재들을 투입했다. 순수함으로 무장한 젊은 인재들은 이 모든 것이 가능하다고 확신했다. 이들은 이 프로젝트가 가능함을 입증할 데이터와 우리가 제시한 모든 과제를 풀 실행 가능한 해결책을 가지고 있었다.

우리는 제러미의 인맥을 이용해 다시 미국항공우주국 본사와 접촉했고, 학생들을 초대해 발표를 진행했다. 발표는 미국항공우주국에 큰 반향을 불러일으켰을 것이다. 학생들은 심지어 존재하는지조차 몰랐던 문제에 대한 해결책을 생각해냈다. 학생들은 스푸트니크와 같은 전통적인 아날로그 전송 방식을 사용하겠다는 생각을 버리고, 당시 아날로그에서 디지털 전송으로 막 전환한 휴대전화 시스템을 단순화한 디지털 통신 방식을 제안했다.

이 엄청나게 흥미로운 결과를 놓고 논의하던 빌과 조지는 우리가 유행에 뒤처져 있었다는 사실을 새삼 깨달았다. 이 두 선구자는 1970년대에 미국항공우주국에서 미국의 생물학자 및 생태학자들과 우주 기반 동물추적시스템에 관한 아이디어를 논의하는 회의를 함께한 적이 있었다. 그러나 당시에는 통신이 아날로그 방식이어

야 하고, 아날로그 통신으로는 우주에서 많은 수의 동물을 추적할
수 없었다. 1970년대에 제시된 이 아이디어는 세계 곳곳의 동물 중
소수만 추적할 수 있었기 때문에 미국항공우주국이 보기에 매력적
이지 않았다. 미국항공우주국은 이 아이디어를 폐기했는데, 아마
도 어느 정도는 당시의 정치적 배경도 한몫했을 것이다. 동서 냉전
이라는 큰 위기가 있었고, 원격 측정에는 해결해야 할 여러 문제가
있었다. 1970년대에 미국항공우주국에 참여했던 기술자들은 이제
은퇴한 지 오래다. 새로운 세대는 이러한 아이디어가 30년 전에 논
의되었다는 사실을 전혀 알지 못했다. 우리도 마찬가지였다. 어떻
게 보면 시대에 뒤처진 것이 긍정적인 면도 있었다. 이러한 시스템
을 도입하지 않기로 한 결정을 미리 알았다면 우리는 아마도 바로
포기했을 것이다. 또는 적어도 휴스턴 회의를 마치고 난 후에는 포
기했을 것이다.

우리는 세계 곳곳에서 이루어지는 동물, 조류, 곤충의 대규모 이
동을 연구하는 것이 지구상의 생명체를 이해하는 데 중요할 뿐만
아니라, 이들 생명체를 보존하고 또 이 모든 종이 제공하는 생태계
서비스를 보존하는 데도 중요하다는 사실을 고위 관계자들이 납득
할 수 있기를 바랐다. 지구상에 살고 움직이는 동물들은 수조 달러
값어치에 달하는 서비스를 제공하는데, 우리가 이러한 동물에 관
심을 기울이고 보존하지 않고도 살 수 있다고 생각한다면 우리는
실패할 수밖에 없을 것이라고.

하지만 좌절의 나날이 이어졌다. 지구적 동물추적시스템에 공감
하는 사람들이 일부 있었지만, 모두가 바빴고 아직 아이디어를 지

지하고 이를 추진할 집단이 없었다. 아이디어를 실행에 옮기고 자금을 모으는 데 동원할 수 있는 공식적인 채널도 없었다. 미국국립과학재단이나 미국국립과학원에도 이 주제를 향후 10년간의 주요 과제와 연구 수요를 파악하는 조사인, '향후 10년의 연구 의제'로 삼을 만큼 흥미롭다고 생각하는 사람은 아무도 없었다. 하지만 여전히 희망은 있었다.

프린스턴과 같은 대학은 연구자들이 꼭 더 나은 연구를 하지 않더라도 혁신적인 아이디어를 추구하도록 힘을 실어줄 가능성이 더 높다는 점에서 훌륭했다. 이러한 아이디어가 실현되는 경우는 잘 없지만, 몇몇 아이디어가 성공함으로써 대학이 틀리지 않았음을 보여주었다. 훌륭한 선배 동료인 스티브 파칼라Steve Pacala와 나는 대학원생들을 위한 자문 역할을 분담했다. 우리와 함께 위원회 회의에 참석한 한 대학원생은 특정 문제를 해결하려면 광범위한 지역에서 오랜 기간 많은 수의 동물을 추적해야 한다고 말했다. 스티브가 답했다. "그렇다면 위성에 수신기를 달아 우주에서 동물을 추적하면 어떨까요?" 너무 놀라운 제안이라 수긍하지 않고는 못 배겼다.

며칠 뒤 스티브와 다시 만나서 이것이 바로 우리가 계획하고 있던 것이라고 말했다. 하지만 실상은 생각했던 것보다 조금 더 복잡했다. 스티브는 비슷한 생각을 하고 있다며, 탄소 배출량 추적 위성을 만들어 탄소가 지구 기후에 미치는 영향을 파악하고 있다고 말했다. 나는 탄소를 추적하는 것이 정말 중요한 사안이라는 데 동의했지만, 우주에서 동물을 추적하는 것이 훨씬 더 중요하다고 생각했다. 반농담조로 나는 우리 시스템이 스티브의 시스템보다 더 빨리 궤도에 진입할 것이라고 내기를 걸었다. 말할 것도 없이 스티브의 위성은 2년 반 뒤에, 우리 위성은 약 15년 뒤에 궤도에 올랐다. 비록 나는 내기에서 졌지만, 스티브가 보여준 대담함은 자기 확신을 갖고 다른 사람들을 설득시킨다면 성공할 수 있음을 보여준다는 점에서 고무적이었다.

또한 나는 공식적인 절차와 그것을 통해 힘을 합치는 것의 필요성도 배웠다. 실험적 동물추적시스템을 위한 기금을 신청할 수 있는 방법이 있을 거라고 생각했는데, 마침내 그 기회가 실제로 찾아왔다. 2006년 유럽우주기구European Space Agency, ESA에서 유럽 우주생명 및 물리과학 프로그램European Programme for Life and Physical Sciences in Space, ELIPS의 일환으로 국제우주정거장에서 수행할 과학 실험을 제안하라는 요청이 왔다. 더할 나위 없이 좋은 기회였다. 제안서는 유럽연구이사회European Research Council에서 평가할 예정이었다. 우리는 이미 대학원생 및 동료들—특히 롤런드 케이스, 캐스퍼 소럽, 멕 크로풋Meg Crofoot—과 함께 우주에서 지구적 동물추적시스템을 사용해야만 가능한 과감한 연구 프로젝트의 아이디어를 도출하기 위해 여러 차례 워크숍을 진행했다. 토론을 통해 우리가 혁신적이라 보았던 40여 개의 프로젝트를 모아 백서를 만들었다.

이들 프로젝트를 되돌아보면, 당시에 중요해 보인 몇몇 문제들이 오늘날에도 여전히 해결되지 않았다는 사실이 흥미롭다. 위대한 생각은 때로 한 세대 이상의 과학자들이 모여야 해결될 수 있다. 또한 아이디어는 원대했으나 대부분의 프로젝트는 범위가 다소 좁았고, 많은 프로젝트가 이미 진행 중이던 연구의 단순한 확장에 불과하다는 사실도 깨달았다. 우리는 프로젝트 아이디어를 실현하는 데 진정한 걸림돌은 마음껏 사용할 수 있는 지구적 규모의 수단이 아니라 연구자 집단의 정신적 한계라고 생각했다. 우리는 전 세계를 아우르는 거대한 규모에서 사고하는 훈련이 되어 있지 않았다. 말하자면 대부분 한정된 지역에서 몇몇 동물을 관찰하는 실험을 설계하도록 훈련받은 전통적인 생태학자처럼 생각한 것이다.

유럽우주기구는 이름만 들어본 터라 그쪽에서 기대하는 바가 무엇인지 잘 알지 못했다. 평가자들 중에는 자신이 생각하는 의제와 욕망, 계획에만 관심이 있는 사람들이 있어서 우리 아이디어가 헌신짝처럼 버려질 것이라고 예상했다. 제안서를 제출할 때는 제안한 아이디어 중 일부라도 유럽우주기구 구성원에게 반향을 일으키길 바라지만, 그럴 가능성은 거의 없었다. 제안서를 제출하고 나서 몇 주 뒤 스팸메일처럼 보이는 이메일을 한 통 받았다. 키릴 문자로 쓰인 메일에 러시아 이름이 적혀 있었다. 스팸메일 폴더에 자동으로 분류되지 않았다는 게 신기했다. 약간 의심이 들긴 했지만 메일을 열어보았다. 유럽 우주생명 및 물리과학 프로그램 광역평가팀의 러시아 회원인 미하일 벨라예프Mikhail Belyaev가 보낸 것이었다. 미하일은 우리의 아이디어가 훌륭하지만, 러시아연방우주공사와 협력하는 편이 더 나을 것이라고 했다. 이 기관이 우주 공간에서의 문제를 다루는 데 "가장 뛰어나고 빠르기" 때문이라는 게 이유였다. 맞는 말이었다. 오랫동안 소련은 우주인을 궤도에 진입시킬 수 있는 유일한 국가였다. 이 제안이 매우 흥미롭다고 생각한 나는 기꺼이 논의해보겠다고 벨라예프에게 답장했다.

몇 달 뒤 유럽연구이사회로부터 공식적인 평가가 날아왔다. 과학적 아이디어가 중요하고 시의적절하며, 국제적인 연구 팀의 구성과 연구 계획의 구조가 모두 좋다는 평가였다. 하지만 평가위원회의 기술자들은 이러한 시스템을 실제로 구현하는 것이 불가능할 가능성이 높다고 지적했다. 말하자면, 아이디어도 팀 구성도 실행 계획도 훌륭하지만, 기술적으로 불가능할 가능성이 높다는 이야기였다. 전폭적으로 지지하지만, 자금은 지원하지 않는다. 당연히 프로젝트는 큰 타격을 입었다. 그러나 동시에 우리가 무언가 큰일을 해냈다는 사실을 누군가 인정한 것이기도 했다.

링베르크 회의

9 유럽에서 찾은 기회

　개인적 사정에다 직업상의 문제도 겹치고, 특히 이카루스 프로젝트에 대한 긍정적 답신이 있었던 터라 나는 미국에서 유럽 학계로 옮겨 갈까 하는 고민을 하게 되었다. 미국항공우주국은 아직 지구적 동물추적시스템에 관심이 별로 없었고, 유럽연구이사회의 긍정적인 검토와 러시아 쪽의 뜨거운 관심으로 유럽이 우리 아이디어를 구현하기에 가장 적합한 곳이라는 확신이 들었기 때문이다. 막스플랑크협회Max Planck Society의 장기적인 자금 지원 가능성에도 크게 끌렸던 나는 2008년 독일 라돌프첼에 위치한 막스플랑크 조류학연구소 소장과 인근 콘스탄츠대학교의 조류학 명예교수 자리를 수락

했다.

독일로 돌아온 뒤에는 완전히 상황이 달라졌다. 처음 몇 달과 몇 해는 새로운 연구 인맥을 쌓고, 이카루스의 중요성을 알리고, 설득할 필요가 있는 의사결정 시스템과 기관에 발을 들여놓는 데 대부분의 시간을 쏟아부었다. 이후 5년간 겪은 것은 회의와 회의와 회의의 연속이었고, 막다른 골목의 막다른 골목이었다. 인생의 좌우명이 몇 가지 있다. 첫째는 시도하지 않으면 성공하지 못한다는 것이다. 뻔한 소리처럼 들릴 것이다. 하지만 대부분의 프로젝트는 처음에는 과연 성공할 수 있을까 할 정도로 무모해 보이기 때문에 폐기되고 그래서 실패한다. 둘째는 운이 따라야 한다는 것이다. 물론 운이 따르는 것도 필요하나 그 뒤는 여러분의 몫이다. 셋째는 진정으로 도움을 줄 수 있는 사람을 찾기 위해 노력해야 한다는 것이다. 하지만 진정한 협력자를 어디서 찾을 수 있을지는 아무도 모른다.

우리는 곧바로 지구적 규모에서 동물과 소통하는 미래에 대한 회의를 조직하는 것으로 과학적 기반을 넓혀가기 시작했다. 우리는 바이에른 산악 지대의 야생 풍경에 아름다운 무언가를 남기고 싶었던 괴짜들이 지은 환상적인 디즈니풍 성 중 한 곳에서 만났다. 테게른제 호수 위쪽에 자리한 링베르크는 바이에른의 왕 루트비히 2세가 지은 유명한 성인 노이슈반슈타인의 축소판처럼 보인다. 링베르크는 조금은 동화 같은 분위기를 선사하며 참석자들이 평소라면 감히 하지 못했을 이야기를 터놓고 할 수 있게 해주었다.

우리가 아는 가장 노련한 생물학자와 젊은 인재가 고루 섞인 다국적 팀을 링베르크에 초청했다. 우리의 목표는 미래에 우리가 원하는 시스템으로 나아갈 수 있는 로드맵을 만드는 것이었다. 처음에 고리타분한 노인네들이라 생각했던 과학계의 권위자들은 사실 우리보다 30년이나 앞서 있었다. 이들은 자기 세대의 통념에 도전했고, 이제 그 도전을 다음 세대가 넘겨받을 수 있도록 도와주었다. 내셔널지오그래픽협회, 미국 어류·야생동물관리국 직원, 해양과 육지 및 항공 분야에서 일하는 연구원, 기계공학자, 통신공학자, 우주공학자, 수의사 등이 참여했다. 모두 나무가 아닌 숲을 보는 사고, 선구적인 접근 방식, 개인적 의제뿐만 아니라 시스템 발전에 대한 폭넓은 관심으로 엄선된 사람들이었다. 이 회의는 10년이 넘는 시간 동안 우리에게 힘을 주고 난관을 헤쳐나가게 하는 자극제가 되었다. 일이 풀리지 않을 때마다 우리는 링베르크 회의와 동료애, 그리고 선구자 정신에 대해 생각했다.

유럽으로 돌아온 뒤 10년 동안 놀라운 행운이 따랐다. 가장 결정적인 사건은 2009년 5월 바이에른 과학·인문아카데미회의 때 일어났다. 회의의 주제는 위성항법시스템이었다. 러시아의 글로나스 GLONASS 위성항법시스템과 유럽의 갈릴레오 Galileo 위성항법시스템의 출발을 비교하는 GPS 이용 범지구 위성항법시스템과 같은 뻔한 주제에 대한 발표가 많았다. 이어서 자율주행자동차의 GPS, 휴대전화를 기반으로 한 도시 내 보행자를 위한 위성항법시스템, 동작감지센서와 추측 항법을 사용하는 위성항법시스템 및 기타 기술에 대한 논의가 이어졌다.

많은 참석자가 이러한 접근 방식 중 일부는 여전히 터무니없이 불필요한 것들이라고 생각했다. 나의 임무는 위성항법시스템과 동물에 대한 강연으로 외연을 더 넓히는 것이었다. 당시 참여한 모든 공개 세미나에서와 마찬가지로 나는 동물이 야생에서 어떤 결정을 내리는지, 동물이 평생 어떤 지식을 쌓아가는지, 동물이 머무른 모든 장소를 파악하기 위해 동물에게 소형 GPS 장치를 장착하는 것이 얼마나 중요한지 강조했다. 우리가 이런 점들을 모른다면 동물들이 특정한 결정을 내리는 이유, 즉 새들이 산을 넘지 않고 주변을 선회하는 이유를, 물고기들이 어떤 바다에서는 헤엄을 치지만 다른 바다에는 가지 않는 이유를, 서식지에서 멀리 떨어진 푸른 풀이 있는 곳으로 이동하는 이유 같은 것들을 결코 알 수 없을 것이라고 말했다.

참가자들의 반응을 보니 논란이 크게 일었던 휴대전화 기반 보행자 위성항법시스템에 대한 논의의 여운이 아직 가시지 않은 듯했다. 대부분의 사람들은 조금은 뚱한 표정으로 있었고, 강연 이후의 만찬 메뉴에 더 관심이 있는 것 같았다. 강연을 끝낸 나는 바로 회의장을 벗어나 바이에른에서 하던 일을 했다. 맥주를 한두 잔 홀짝이며 긴장을 풀고 답답함을 달랠 수 있는 맥줏집을 찾았다. 하지만 부슬부슬 비가 내리는 날이라 밖에는 아무도 없었다. 한 시간 반 정도를 이리저리 헤매다 결국 학회장으로 돌아와 훌륭한 만찬이 지나고 남은 음식 몇 점을 집어먹었다.

식당에는 작은 탁자 주위에 서 있던 노인 몇을 제외하고는 모두 자리를 떠나고 없었다. 그중 오래전에 은퇴한 것으로 보이는 한 사람이 나를 보고 손을 흔들었다. "동물 위성항법시스템에 대해 이야기했던 분 아니신가요? 신선하고 흥미로운 이야기였습니다." 그저 친절하고 수더분한 사람인 줄만 알았는데, 알고 보니 독일에서 가장 저명한 우주공학자 중 한 사람인 필 하틀Phil Hartl이었다. 필은 캘리포니아에 있는 미국항공우주국의 제트추진연구소에서 박사후과정을 보냈다. 당시 비좁은 연구 공간에서 우주 통신시스템의 바이블이라 할 수 있는 비터비Viterbi 알고리즘을 설계한 앤드류 비터비Andrew Viterbi와 함께 살을 맞대고 일하던 사람이었다. 여기서 설명하기는 조금 그렇지만, 정말 엄청난 사건이었다.

어쩌다 보니 필과 나는 정말 죽이 잘 맞았다. 필은 정신적으로 조지와 빌만큼 젊고 열정적이었으나 전문으로 하는 분야는 그들과 다소 달랐다. 필은 우주에서 레이더로 지구를 관측하는 임무를 진두지휘했고, 지리학을 공부한 이력을 살려 우주에서 중력 임무gravity mission를 이용해 모두가 풀 수 없다고 생각했던 문제, 즉 전 세계 지하수 분포의 변화를 측정하는 방법을 알아냈다. 필은 인공위성 한 대를 다른 인공위성보다 약 100킬로미터 뒤에서 비행하게 함으로써 이 문제를 해결했다. 그런 다음 지상의 중력 변화로 인해 발생하는 궤도의 왜곡을 측정했다. 두 위성이 같은 곳을 지나는데 중력이 다르다면, 그 지점에 엄청나게 많은 사람이 갑자기 모였거나 물의 양에 어떤 변화가 생긴 것이다. 지표수의 차이는 측정할 수 있기 때문에 지표수에 변화가 없다면 이는 지하수의 차이 때문일 것이다. 우리가 살고 있는 기후 변화의 시대에 이러한 측정이 지구상에서 벌어지는 일을 파악하는 데 얼마나 중요한지는 더 말할 필요가 없을 것이다.

이런 대화가 오간 후 필은 나를 뮌헨의 맥주 파티에 초대해 5분

동안 생각을 펼칠 기회를 주었다. 이번에는 통상적인 맥주 파티가 아니었다. '첨단 우주 개념에 관한 맥주 파티'라는 어엿한 이름이 붙은 행사였다. 그 누구도 실현 가능성을 믿지 않았던 국제우주정거장 건설을 책임졌던 전 유럽우주기구 책임자들과 아리안^{Ariane} 로켓 프로그램을 실행했던 사람들이 참석했다. 유럽 갈릴레오 위성 항법시스템에서 일한 사람들도 있었다. 기본적으로 그 자리에 있는 모든 사람이 유럽 우주 시스템의 핵심 사안을 연구했거나 연구하고 있었다. 이 맥주 파티에 연사로 초청받았을 때 나는 이제껏 겪은 그 어떤 면접이나 세미나보다 더 겁이 났다. 내가 가진 것이라곤 5분 동안 할 수 있는 말의 힘뿐이었다. 하지만 훌륭한 청중 앞에서는 좋은 강연을 할 수 있는 법이다.

나는 유럽 최고의 공학자들 앞에서 산업혁명 시대를 거치면서 인간과 자연의 연결이 끊어져버렸다고 이야기했다. 이는 인류에게 치명적인 실수였다. 우리는 지구를 동식물과 공유하고 있으며, 모두 더불어 잘 지내야만 생존할 수 있기 때문이다. 식물은 위성 원격감지 시스템의 보호를 받지만 동물은 그렇지 않다. 동물을 이해해야 사람들이 자연으로 돌아갈 수 있고, 동물로부터 배워야만 미래에도 동물과 함께 생존할 수 있기 때문에 동물에게 목소리를 돌려줘야 한다. 새로운 기술에 대한 최소한의 투자는 동물에 대한 지식과 생명의 아름다움 그리고 마지막으로 사랑받고 멸종위기에 처한 동물의 보호라는 측면에서 인간에게 커다란 보상을 가져다줄 것이다.

오늘날 흔히 말하는 사물 인터넷이라는 용어는 아직 등장하지 않은 때였다. 사물 인터넷은 일상적으로 쓰이는 사물에 내장된 컴퓨팅 장치가 다른 장치 및 시스템과 데이터를 주고받을 수 있도록 하는 것을 말한다. 사물 인터넷의 구성 요소에는 스마트 자동차, 스마트 냉장고, 스마트폰 등이 있다. 당시 내가 구상했던 것은 자연계에서도 이와 유사한 통합 정보 교환 웹을 구축할 수 있는 동물 인터넷이었다. 강연에서 나는 수많은 살아 있는 노드에서 흘러나오는 정보의 범지구적 네트워크에 대해 설명했다. 이 네트워크를 이용하면 우리는 우리가 아는 한 지구와 우주에 존재하는 가장 지능적인 센서, 즉 동물의 지혜를 공유할 수 있다.

동물은 매우 다양하기 때문에 종과 개체에 따라 감정, 감각, 사회적 생활 방식이 모두 다르다. 이들이 가진 지식의 총합은 인간이 만든 시스템에서 모은 지식의 총합을 훌쩍 뛰어넘는다. 이들의 지식은 영겁의 시간을 거치고, 믿기 힘든 지구와 기후 변화의 시기를 거치고, 운석 소나기, 화산 폭발 이후의 빙하기, 치명적인 질병의 대유행 등 상상할 수 없을 정도의 극적인 사건을 거치면서 검증된 지식이자 지속 가능한 지식이다.

짧고 조용한 박수가 끝나고 몇 가지 질문이 이어졌다. 그런 다음 모두가 다시 우주정거장의 미래, 로켓의 미래, 국제 우주 관계에 필수적인 인간 역학에 관해 논의하기 시작했다. 그런데 한 사람이 다가와서는 나의 아이디어를 문서로 작성해 보내달라고 요청했다. 그때는 그가 누군지 몰랐으나 나중에 알고 보니 (유럽이 아니라) 독일의 우주 기관인 독일항공우주센터Das Deutsche Zentrum für Luft- und Raumfahrt, DLR의 우주 프로젝트 책임자 크리스토프 호하게Christoph

Hohage였다.

호하게는 자기 의견을 분명하게 표현하며 자신의 신념을 위해 싸우는 직설적인 사람이다. 누구나 그를 만나면 자기 편으로 만들고 싶은 사람 중 한 명일 것이다. 당신이 안타깝게도 잘못된 길을 갈 때는 대쪽같이 지적해주고 올바른 길을 갈 때는 든든한 뒷배가 되어주는 그런 사람이다. 또한 자기 자신과 다른 사람에 대해 믿기 힘들 정도로 엄격한 사람이다. 우리는 우주 자산을 활용한 실험적인 범지구 동물추적시스템의 가정, 제약 조건, 체제를 설명하는 소규모 예비 연구 제안서를 작성했다. 이를 통해 필 하틀은 우리 팀, 특히 2009년부터 이카루스 프로젝트의 총괄 책임자로 있던 우쉬 뮐러Uschi Müller와 함께 일할 수 있었다. 호하게는 우리 프로젝트가 아직 거대 우주산업 기업들에 비해 너무나 작고 보잘것없었기 때문에 독일의 신생 우주 스타트업 기업 중 한 곳과 이야기를 나눠보라고 추천하기도 했다. 우리와 함께 사업을 추진한 독일의 우주 스타트업 기업인 스페이스테크SpaceTech의 대표인 베른하르트 돌Bernhard Doll은 실제로 독일에서 가장 뛰어난 우주공학자 중 한 사람으로, 이전에 거대 우주 기업에서 수석 기술자로 일하면서 우주 관련 주요 업무를 성공적으로 이끌기도 했다.

또 다른 행운은 막스플랑크 조류학연구소의 행정 책임자인 토마스 드지온스코Thomas Dzionsko가 이전에 막스플랑크 외계물리학연구소 출신이라는 점이었다. 외계물리학연구소 동료 과학자 중 한 명인 그레고르 모필Gregor Morfill은 저온 플라즈마 응용 기술을 막 개발한 연구자로 미세중력 상태에서 초기 연구를 수행했다. 여기서 중요한 것은 그레고르가 동료 러시아 학자들과 매우 좋은 관계를 맺고 있었고, 러시아는 매우 훌륭한 물리학자를 양성하는 전통을 가지고 있다는 점이었다. 그레고르는 당시 러시아과학아카데미의 수장이었던 블라디미르 포르토프Vladimir Fortov 교수와 오랫동안 함께 일한 적이 있었다. 둘의 관계는 사람들이 작업을 함께하길 원하고 서로의 특성을 기꺼이 받아들일 수 있다면 공동 프로젝트가 정치적 차이를 넘어 얼마나 잘 운영될 수 있는지 보여주었다. 그레고르의 격려에 힘입어 우리는 러시아와의 접촉을 재개하고 연합 공학기술 팀을 구성했다. 우리 팀은 전자공학과 새로운 통신기술에서 강점이 있었던 반면, 러시아 팀은 우주에서 복잡한 시스템을 가동하는 부분에서 검증된 실적을 가지고 있었다. 전통과 혁신, 우연과 필연, 순수함과 경험. 이런 것들이 하나의 팀 안에서 모이면 마법이 일어난다.

또한 스타트업 회사인 인라디오스INRADIOS를 이제 막 설립한 젊은 통신 기술 팀과 함께 일할 수 있는 행운을 얻었고, 우주에서 동물을 추적하고 이 자료를 토대로 정보망을 구축하는 디지털 시스템을 설계할 수 있게 되어 기뻤다. 프로젝트 시행 검토 담당자들은 디지털 신호가 훨씬 약하고 처리하기 어렵기 때문에 디지털 시스템이 제대로 작동할 수 있을지 진심으로 의구심을 가졌다. 이들은 우리에게 전통적인 아날로그 통신 방식을 쓸 것을 권유했다. 하지만 우리 통신 기술자들은 순수하고 자신감이 넘쳤으며, 또 충분히 해낼 수 있다고 생각했다. 칭찬받아 마땅하게도 이들은 해내고야 말았다.

한지라는 이름의 황새

10

누가 누구를
길들이는가?

이카루스 프로젝트를 시작하기 위한 현실적인 문제를 해결해나가면서 인간과 동물의 소통이 얼마나 내밀할 수 있는지, 동물이 우리 대신 이야기를 들려주는 주체가 된다면 얼마나 흥미로울지에 대해 많은 생각을 했다.

문학 작품이나 대중적인 글에는 인간이 동물을 길들였다는 이야기가 항상 등장한다. 고기, 우유, 가죽을 얻기 위해 동물을 길들인 메소포타미아, 집에서 개와 고양이, 개코원숭이, 물고기, 가젤을 애완동물로 기른 고대 이집트, 혹은 아마도 유목 수렵·채집인이 회색늑대를 처음 길들인 때인 1만 5000년 전 등 인간이 동물을 길들인 것으로 추정되는 구체적인 시기와 장소에 대한 이야기가 등장한다. 하지만 동물 추적 기술은 종종 인간이 모든 것을 통제하고 동물은 그저 인간의 가축화 활동의 수혜자라는 우리의 오만을 다시 생각하게 하는 이야기를 들려준다. 동물이 어떻게 자신들의 이야기를 하는지에 귀를 기울인다면, 우리는 우리의 관점을 바꾸는 방법을 배우게 될지도 모른다.

한때 전파천문학자였던 조지 스웬슨은 외계생명체와의 소통이 인류의 가장 중요한 업적이 될 것이라고 말했다. 그렇게 된다면 인간이 우주의 다른 곳에 대해 알 수 있고, 무엇보다도 바깥세상에서 우리 자신을 바라보는 시각을 얻을 수 있다고 했다. 마치 처음으로 얼굴 앞에 거울을 대고 바라볼 때처럼 타인들이 나를 어떻게 보는지 깨닫는다는 이야기였다. 하지만 외계생명체를 찾기 전에 우리가 발 딛고 있는 바로 이 지구에서 이미 우리와 함께 살아가는 존재들을 활용하면 어떨까? 우리가 동물의 이야기를 듣고 동물이 우리와 소통할 수 있다면, 동물이 우리를 바라보는 시각을 활용하면 어떨까? 동물이 우리에게 자기들의 이야기를 더 많이 들려줄 수 있는 시스템을 개발하면 어떨까?

흰부리황새white stork 한지Hansi의 이야기를 해보자. 잠시 이야기를 덧붙이자면 황새 프로젝트를 시작하기 전, 대부분의 사람들은 흰부리황새를 연구해봐야 얻을 것이 많지 않으니 연구를 계속하지 말라고 했다. 흰부리황새는 독일에서 최초로 가락지를 붙인 새로, 이미 115년여 동안 연구된 새였다. 또한 흰부리황새는 시민 과학의 대상이 된 최초의 새이기도 하다. 1905년경 당시 사람들은 황새를 목격하면 가락지부착관측센터로 엽서를 보내 신고하도록 했는데, 당시로서는 놀라운 시도였다. 사람들은 홍부리황새에 대해 더는 알 것이 없다고 생각했다. 다시 말해 우리가 이미 아는 것에 약간의 살을 덧붙이기보다는 완전히 새로운 사실을 알려주는 주제에 집중하는 게 낫다는 제안이었다.

이런 말들은 항상 탐험가와 과학자의 도전 정신에 불을 지핀다. 누군가 "모든 것이 이미 알려져 있다."라고 말하면, 이는 분명 더 큰 그림을 놓치고 있다는 이야기다. 전통이 진정한 혁신을 낳는다. 새로운 기술을 개발하려면 먼저 자신의 기술을 알아야 한다. 막스플랑크 조류학연구소의 우리 연구 팀은 황새 연구를 계속했고, 2013년 여름에는 독일 동부의 번식지에서 이동하기 전의 어린 황새 한 무리에 인식표를 부착했다. 이 인식표는 소형 태양전지판으로 배터리를 충전하고, 휴대전화 네트워크를 통해 우리에게 정보를 보냈다.

우리는 베를린에서 남서쪽으로 100킬로미터 정도 떨어진 작은 마을 로부르크 근처에서 연구하고 있었다. 바이오로깅 혁명이 막 일어나던 초창기라 1년 동안 마흔 마리의 어린 새를 추적하는 것은 정말 놀라운 성과였다. 하지만 모집단에서 무언가를 예측하기 위해, 이를테면 선거 결과를 예측하기 위해 표본으로 마흔 명을 뽑아 물어본다고 상상해보라. 같은 해에 유럽의 한 시골 지역에서 부화한 5만 마리의 황새 중 마흔 마리의 어린 황새를 인터뷰하고 이를 토대로 모든 황새에게 "지금 무엇을 하고 있나요?"라고 묻는다면 예측력은 현저히 떨어질 것이다. 하지만 당시로서는 마흔 마리의 어린 황새를 추적할 수 있다는 것에도 감지덕지했다.

실제로 이 연구를 통해 우리는 황새가 나뉘어 이동한다는 놀라운 사실을 알게 되었다. 일부 황새는 서쪽으로 날아 지중해를 돌아 아프리카로 이동하고, 다른 황새는 동쪽으로 날아갔던 것이다. 우리는 기후 변화를 비롯해 지구 전체의 변화에 따라 황새의 이동 패턴이 어떻게 바뀌는지에 특히 관심을 가졌다. 독일 동부에 위치한 이 지역 황새들은 대부분 체코, 슬로바키아, 루마니아, 불가리아를 거쳐 튀르키예로 날아간 다음 시리아, 레바논, 이스라엘, 이집트를 거쳐 아프리카로 이동해 차드호수 지역—수단, 에리트레아, 에티오피아, 케냐, 우간다, 말라위, 모잠비크 등—이나 남아프리카공화국까지 젖 먹던 힘을 다해 내려와 월동지에 정착한다. 예전에는 수많은 황새가 남아프리카공화국까지 이동했지만, 최근에는 극소수의 황새만이 그렇게 멀리까지 날아간다. 지난 20년 동안 기후 변화로 인해 아프리카 전역에 물이 줄어들면서 생긴 변화다. 이 때문에 유럽의 번식지에서 새들이 이동하는 패턴에 변화가 생긴 것으로 보인다. 대부분의 황새는 지중해를 돌아가는 동쪽 경로를 택했지만, 로부르크 황새 중 일부는 서쪽으로 날아 네덜란드, 프랑스, 스페인을 지나 지브롤터해협을 건너 모로코로 날아갔다. 아울러 가락지를 부착한 몇몇 황새는 두 경로를 모두 이용해 아프리카로 이동했는데, 한 해에는 지브롤터를 거쳐 서쪽으로 날아갔고 이듬해에는 이스라엘을 거쳐 동쪽으로 날아갔다.

이는 황새가 동쪽이나 서쪽으로 이동하는 것이 유전적 성향과는 관련이 없음을 보여준다. 사회적 이동 시스템인 것이다. 황새들은 다른 황새를 따라간다. 한여름이 되어 이동할 준비를 마친 황새들은 주변을 둘러보면서 다른 황새들이 무엇을 하고 있는지 보는데, 무리에는 어디로 이동해야 할지 아는 경험 많은 황새들이 항상 있다. 따라서 가락지를 단 어린 로부르크 황새의 이동 패턴은 문화적으로 결정되며, 어린 황새는 경험 많은 황새가 이끄는 길을 따라간다.

우리가 추적하던 마흔 마리의 황새 무리 중 한 마리인 한지는 처음에는 그냥 HL430으로 불렸다. 이 황새는 아주 늦게야 번식지를 떠난 터라 정말 흥미롭게 지켜보았다. 녀석은 곡절 끝에 함께 이동할 다른 낙오자 몇 마리를 찾아서는 훌륭하게도 이동의 첫 번째 구간을 남동쪽으로 잡아 날아갔다. 그렇게 독일 동부를 거쳐 체코로 날아가 며칠 휴식을 취했다. 다른 황새들이 모두 이동하기 위해 떠났을 때, 한지는 무리를 따라가지 않고 오른쪽으로 90도 방향을 틀어 (우리가 아는) 다른 황새가 이동한 적 없는 경로를 택해 남서쪽으로 바로 날아간 것으로 추정된다.

나는 우리 한지가 이 남서쪽 구간을 다른 황새들과 함께 날았다고는 상상할 수 없었다. 그렇다고 녀석이 완전히 혼자서 이동했다는 것도 상상할 수 없었다. 녀석의 궤적이 너무 직선적인데다가 이 지역에 서식하는 다른 종의 큰 하얀색 새인 대백로great egret의 경로와 너무나도 일치했기 때문이다. 한지가 백로를 동료라고 오인한 것으로 보인 이 사례에 흥미를 느낀 우리는 무슨 일이 벌어지고 있는지 알아보고 싶었다.

한지가 북부 알프스산맥에 약간 가까운 뮌헨 남동부의 낮은 언덕에서 하루 이틀 머무는 것을 본 나는 곧바로 오토바이를 타고 녀석을 찾아 나섰다. 놀랍게도 녀석은 송전선로의 거대한 철탑 꼭대기에 앉아 있었다. 철탑 주변 들판에는 백로 여러 마리가 있었다. 한지가 이동 중인 다음 황새 무리와 불과 몇 킬로미터 떨어진 곳에 있었고, 이들 황새 중 적어도 한 마리가 이 들판에 있었기 때문에 한지는 현지 황새들과도 마주친 것이 분명했다. 한지는 이 아름다운 저지대 초원에서 며칠을 보냈다. 우리는 녀석이 이 지역 황새들과 합류해 남쪽으로 향하는 알프스산맥의 곡선 경로를 따라 동쪽으로 날아갈 것으로 예상했다. 하지만 한지는 그렇게 하지 않았다.

분명 한지는 "자신의" 백로들이 더 나은 길잡이라고 생각한 모양이었다. 녀석은 백로들과 함께 남쪽으로 날아—자존심이 강한 황새라면 스스로 이렇게 하지는 않을 것이다—계곡으로 들어가 작은 산을 넘은 다음 스키 마을인 가르미슈까지 계속 날아갔다. 거기서 녀석은 또다시 이상하게 방향을 틀어 다른 고개를 넘어 인스부르크가 있는 계곡으로 날아갔다. 그런 다음 외츠탈을 향해 곧장 날아갔다. 이 계곡은 5000년 전 얼음인간 외치^{Ötzi}☆가 이탈리아 북부에서 오스트리아로 탈출할 때 남쪽에서 산을 넘다가 죽지 않았다면 다다랐을 계곡이다.

놀라운 이야기였다. 한지는 다른 황새들과 함께 튀르키예와 이스라엘로 날아간 다음 따뜻한 아프리카로 남하하지 않고, 백로들과

☆ 아이스맨(Iceman)으로 불리기도 한다. 청동기 초기인 기원전 3350년에서 기원전 3105년 사이에 살다가 죽은 초기 유럽 남성으로, 사망 후 자연적으로 미라가 되었다. 1991년 발견 당시 왼쪽 어깨에 화살촉이 박혀 있었다.

함께 알프스로 직접 날아간 것이 분명했다. 이제 한지가 어디에서 지내는지 자세히 살펴보고 싶었다. 다른 동료 모두와 마찬가지로 하이디 슈미트Heidi Schmid 역시 한지를 찾고 싶은 마음에 연구소에서 네 시간을 운전해 한지가 있는 곳까지 달려갔다. 한지는 산골짜기 초원에서 대백로 여럿과 함께 있었다. 즐겁게 먹이 활동을 하고 있었고, 건강 상태도 좋아 보였다. 이제 녀석이 다음에 어떤 행동을 할지 전혀 예측할 수 없었다.

하지만 날씨가 나빠지자 녀석에게서 오는 신호가 잦아들었다. 늦가을 알프스 지역이 으레 그렇듯 몇 주 동안 완전히 흐린 날이 이어지며 해가 정말 짧아졌다. 녀석을 추적할 수 있는 인식표에 장착된 태양 전지판이 데이터를 전송하는 데 필요한 전력을 만들지 못했다. 물론 전송을 못 하더라도 인식표는 여전히 하루에 한지의 신체 가속도뿐만 아니라 몇 군데의 위치를 기록할 수 있는 충분한 데이터를 수집한다. 그리하여 인식표를 회수해 데이터를 다운로드하거나 인식표가 다시 햇빛을 충분히 받아 배터리를 충전하고 전송을 재개할 수 있게 되면 녀석의 행동을 해독할 수 있을 것이다. 하지만 그동안은 우리의 사랑하는 (그리고 기이하고 멋진) 황새에게 무슨 일이 일어났는지 전혀 알 수 없었다. 한지가 죽었을 수도 있었다. 아니면 인식표가 파손되었을 수도 있다. 아니면 악천후가 오래 지속되지 않아서 한지에게서 다른 메시지를 받을 수도 있을 것이다. 하지만 그럴 가능성은 거의 없어 보였다.

두 달 동안 한지에게서 아무런 소식이 없자 녀석의 데이터 수신용 휴대전화를 해지할까 하는 생각도 했다. 마흔 마리 황새를 위한 개별 휴대전화 이용 요금, 특히 서아시아와 아프리카에서 오는 신호를 수신하려면 국제로밍 요금이 너무 많이 들었기 때문이다. 하지만 다행스럽게도 우리는 즉시 계약을 해지할 만큼 알뜰한 사람들이 아니었다. 12월 10일 바이에른 북동부에서 데이터를 받았을 때는 정말 믿을 수가 없었다. 종교 순례지로 유명한 알퇴팅 마을에서 온 것이었다. 솔직한 심정으로 누군가가 성지순례를 하던 중 한지의 인식표를 발견해 이 작은 마을로 가져온 것이라 생각했다. 이것 말고는 12월에 이 지역의 마을 한가운데서 한지의 메시지를 받은 이유를 달리 설명할 방법이 없었다. 녀석은 지금쯤 나머지 다른 동료들과 함께 남쪽으로 멀리 날아가고 있어야 했다.

데이터 포인트 하나를 받자마자 다시 하이디 슈미트에게 전화를 걸었다. "얼토당토않게 들리겠지만, 알퇴팅까지 운전 좀 해주세요. 성지순례 가자는 건 아니고요, 물론 원한다면 하셔도 되지만요. 마을 주민이나 농부가 한지의 인식표를 발견한 건지 알아보려고요. 인식표를 마을 한가운데 어느 창턱에 걸어두고 있는 건지도 몰라요. 지금 당장은 날이 좋은데, 앞으로도 신호를 받을 수 있을지 모르겠어요. 곧장 갔으면 해요."

그렇게 하이디는 또 한 번 장거리 운전(이번에는 다섯 시간)을 해서 아이들이 하교하는 시간에 딱 맞춰 마을에 도착했다. 길을 따라 집으로 가고 있는 한 소년을 본 하이디가 물었다. "혹시 여기서 커다란 하얀색 새를 본 적이 있니?" 그러자 소년이 대답했다. "네, 저쪽 농가 뒤 들판에 있어요. 새가 농부 가족을 입양했어요." 차를 몰고 가보니 한지가 농장 마당에 있었다. 하이디가 농장의 문을 두드렸다. "황새가 여기 머물고 있나요? 자주 보시나요? 황새가 찾아오는 건가요?" 그러자 농부 할머니가 답했다. "아, 그래요. 한 달 전쯤 딸이 임신했을 무렵 찾아왔기에 황새를 한지라고 불렀어요. 새로 태어날 손자 이름이 한지여서 황새도 같은 이름으로 부르면 좋겠다고 생각했거든요."

사진을 몇 장 찍은 하이디는 농부 가족에게 다음에 사람들을 몇명 더 데리고 와서 한지를 관찰해도 되는지 양해를 구했다. 며칠뒤, 황새 연구 팀 전체가 농장을 다시 찾았을 때 우리는 믿을 수 없는 광경을 목격했다. 전에 했던 소년의 말이 옳았다. 황새가 농부의 가족을 입양한 것이었다. 이 농장은 몇 해 전부터 양을 유기농으로 키우고 있었다. 사랑스러운 마당이 있는 이 아름답고 오래된 농가는 마을 한가운데에 있었다. 사과나무가 가득한 과수원과 닭장, 그리고 농장에서 으레 볼 수 있는 것들이 모두 있었다. 건물 모퉁이를 돌아 정원을 향해 걸어가자 한지가 따뜻한 물이 담긴 얕은 대야에 서 있었다.

할머니는 한지가 따뜻한 물에 발 담그는 것을 좋아해서 얼마나 고마운지 모른다고 말씀하셨다. 한지를 위해 매일 따뜻한 물이 담긴 대야를 가져다 놓는 것은 할머니의 낙이었다. 할머니는 매일 따뜻한 물을 가져다 놓았고, 한지는 발을 따뜻하게 데우며 정원에 서 있었다. 할머니는 한지가 다진 양의 간을 좋아한다는 사실도 알게 되었다. 할머니는 매일 한지에게 따뜻한 물 대야뿐만 아니라 잘게 다진 양의 간도 대접했다. 겨울내 매일매일 녀석에게 다른 음식도 주었다. 할머니는 황새가 또 다른 손자를 데려왔기 때문에 마땅히 대접해야 한다고 생각했다. 한지가 발을 녹이는 모습을 한참 지켜보다 추위를 느낀 우리는 농부 가족의 초대로 유기농으로 사육한 양으로 만든 바이에른 전통 소시지 요리를 함께 먹었다.

우리는 큰 창문과 테라스로 통하는 유리문 앞 식탁에 앉았다. 식탁에 앉아서도 유리문 밖으로 한지를 볼 수 있었다. 이후 벌어진 일은 너무 믿기지 않는 일이라 동료들과 함께 목격할 수 있어서 다행이었다. 아마 좀 추웠던 모양인지 한지는 대야에서 나와 유리문 앞으로 걸어왔다. 녀석은 길고 붉은 부리를 뻗어 유리를 여러 차례 두드렸다. 할머니는 자리에서 일어나더니 우리에게 좀 늦었다고 말하면서 한지에게 미안하다며 다진 양의 간을 한 접시 가져와서 테라스에 내놓았다. 녀석은 할머니에게 꼭 붙어 있었다. 녀석은 뭐가 나올지 알고 있었던 것 같다. 한겨울 황새에게 훌륭한 먹이가 될 유기농 먹이 말이다. 할머니는 한지에게 덕담을 몇 마디 건네고 문을 닫은 뒤 우리와 계속 이야기를 나누었다. 보고도 믿기지 않는 광경이었다. 한지라고도 불리는 어린 홍부리황새 HL430은 자신이 직접 농부 가족을 입양하고, 우리가 방문하는 바람에 할머니가 밥 주는 것이 조금 늦어지자 인간 친구들에게 음식을 달라고 부탁한 것이다. 이 장면을 우리는 눈과 귀로 직접 목격했다.

동물을 추적 연구하던 초창기에 경험한 가장 놀라운 사건 중 하나였다. 한지가 (짐작건대) 다른 황새를 따라가는 대신 백로를 따라 90도로 방향을 틀고, 인간 가족을 입양하는 장면은 정말 놀라웠다. 야생동물에 기기를 부착하고 이들을 추적하면서 동물이 직접 자신의 이야기를 들려주도록 하는 것은 나의 세계를 완전히 뒤집어 놓았다.

한지의 이후 이야기는 아름답고도 슬프다. 겨우내 농부 가족들과 함께 지내던 한지는—북쪽으로 날아가려는 이동 충동이 시작된—3월 중순에 북서쪽으로 여행을 떠났고, 3월 말 다시 남동쪽으로 날아가기 위해 180도 방향을 틀어 아프리카에서 북서쪽으로 날아오는 다른 황새들과 만나 독일 동부의 로부르크에 있는 자기 고향으로 곧장 향했을 것이다. 하지만 지난해 가을 백로들과 함께 남서쪽으로 방향을 틀었던 지점에 도착하자 다시 한번 90도로 방향을 틀어 남서쪽으로 향하며 작년과 거의 같은 경로를 택했다. 이번에는 4월 중순 잘츠부르크 근처에 도착했다. 녀석은 며칠 동안 머문 뒤 알프스 북쪽을 따라 비행하면서 자신이 예전에 즐겨 찾던 외츠탈 지역에 가려 했지만 실패했다.

방향을 바꾼 한지는 잘츠부르크에서 남은 봄을 보낸 후 6월에 남쪽으로 날아가 다른 산골짜기로 이동했다. 6월 20일, 이동 충동이 다시 일어난 한지는 지난해와 똑같은 경로를 따라 남동쪽으로 날아갔다. 이번에는 로부르크에서 이스탄불과 흑해로 향하는 여정에서 오랜 황새 친구들과 합류했을 것이다. 녀석은 친구 무리와 함께 튀르키예를 지나 레바논, 이스라엘, 이집트를 거쳐 차드호수까지 날아갔다. 그곳에서 아프리카 대륙 북동부를 향해 동쪽으로 이동했지만 결국 에티오피아와 에리트레아 사이의 분쟁 지역에서 실종되었다. 포식자에게 잡아먹혔을 수도 있고, 송전선에 부딪혀 감전되었을 수도 있다. 하지만 사냥을 당했을 가능성이 더 높다. 확실하지는 않지만.

당시 사용하던 인식표만으로는 휴대전화 범위 밖으로 사라진 동물에게 어떤 일이 일어났는지 알 수 없었다. 그렇기 때문에 우리를 길들인 야생동물을 수시로 추적할 수 있도록 야생동물용 사물 인터넷 시스템, 즉 이카루스 범지구 관찰 시스템이 필요했다. 이 특별한 사례의 경우, 한지로 알려진 HL430은 (인식표를 단 다른 모든 새들과 마찬가지로) 선구자 중 하나였으며, 한 마리의 새가 먹고사는 문제를 해결한 방법에 관해 아주아주 특별한 이야기를 들려주었다. 동물은 확실히 우리가 상상했던 것보다 훨씬 창의적이고 모험심이 강하다.

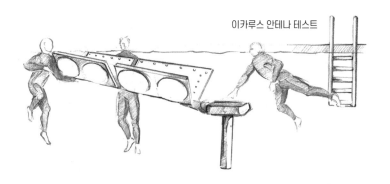

이카루스 안테나 테스트

11

이카루스의
날개를 설계하다

위성 시스템을 구축하는 길이 얼마나 험난한지 전혀 예상하지 못해서 얼마나 다행인지 모른다. 전체 과정이 너무나도 답답하고 막막해서 더는 견딜 수 없는 절망의 순간이 얼마나 많았는지, 포기하고 싶은 순간이 얼마나 많았는지 모르겠다. 한두 달이 아니라 10년 내내 그랬다. 하지만 로켓이 성공적으로 발사되었을 때, 수신기가 궤도에 진입했을 때, 우주 유영이 시작되었을 때의 기쁨은 이루 말할 수 없이 커서 힘든 생각이 한순간에 날아가버렸다. 이 분야에서 이전에는 한 번도 해보지 못한 일을 해냈을 때 얼마나 큰 보람을 느꼈는지 모른다.

하지만 나는 너무 앞서 나가고 있었다. 순진하게도 '2년 안에 해낼 수 있을 것'이라고 생각한 적도 있었다. 이제 2012년이었다. 마침내 독일항공우주센터의 자금 지원을 받은 우리는 프로젝트 팀을 꾸렸고, 연구를 시작할 수 있었다. 처음에는 공학자와 생물학자가 서로 손발이 맞지 않았다. 분야마다 자기들만의 언어가 있었고, 연구를 진행하는 방식이 달랐기 때문이다. 진정한 진전을 이루기 위해서는 두 집단이 직접 만나는 수밖에 없었다. 아울러 모두 똑같이 위성 시스템을 가동하고 싶다는 열망으로 가득 찼다는 사실도 중요했다.

약 1년 뒤, 우리는 자금 지원 기관으로부터 첫 번째 설계 검토를 받았다. 당시에는 프로젝트의 미래가 이 결과에 달려 있다는 사실을 알지 못했다. 다행히도 우리만큼 혁신을 기꺼이 받아들이면서도 전통 기술에도 단단히 뿌리내리고 있던 안드레아스 놉^{Andreas Knopp}이라는 훌륭한 검토자가 있었다. 우리에게는 완벽한 조합이었다. 안드레아스는 소형 인식표와 우주 자산(국제우주정거장의 수신 안테나) 사이에 암호화된 통신을 구축하는 데 한계가 있거나 불가능할 수도 있지만, 그래도 시도해봐야 한다는 통신공학 팀의 의견에 동의했다. 짜릿한 순간이었다. 이제 모스크바에서 첫 회의를 할 수 있게 되었다.

최초의 유인우주선 설계 작업이 이루어진 건물에 들어서자 마치 성지순례를 온 듯한, 혹은 바티칸을 알현하는 듯한 기분이 들었다. 높은 수준의 보안, 그리고 '특별 참관인'이라고 소개했으나 누가 봐도 보안요원임을 알 수 있는 전형적인 KGB[☆] 스타일의 사람들이 주변을 어슬렁거리는 모습. 이 모든 것이 조금은 오래된 제임스 본드 영화 같았다. 낡은 의자와 가구, 그리고 여전히 커튼에 배어 있는 공산주의의 냄새.

커다란 회의 테이블에 둘러앉아 러시아 측 사람들을 보니 모두 약간은 긴장한 듯했다. 우리 동료들이 영어를 아주 잘 알아듣는데도 통역을 위해 항상 대기하고 있던 통역사가 웃는 낯으로 우리와 대화를 나누었다. 통역사가 있어서 사실 매우 좋았다. 간단한 문장과 간단한 답변으로 표현해야만 제대로 통역할 수 있기 때문이었다. 통역하는 동안 다음에 할 말을 생각할 틈이 있는 것도 좋았다. 아울러 수다를 떨거나 지엽적인 이야기를 하거나 별다른 내용이 없는 상투적인 이야기를 많이 하지 않았기 때문에 세 시간이 걸릴 수도 있는 회의가 30분 만에 끝날 수 있었다. 회의가 끝날 무렵 문이 열리고 한 나이 든 남자가 들어왔다. 러시아 동료들이 모두 자리에서 일어났는데, 영문을 몰랐던 우리도 함께 일어났다.

그제야 러시아 동료들이 왜 그렇게 긴장했는지 알 수 있었다. 알고 보니 그 사람은 우주공학자 빅토르 파블로비치 레고스타예프 Victor Pavlovich Legostaev로, RSC에네르기아RSC Energia(URSC☆☆의 자회사)의 총괄 설계자이자 러시아 유인 우주비행 시스템의 주요 설계자였다. 젊었을 때는 인류 최초의 우주인 유리 가가린Yurii Gagarin의 재

☆　1954년부터 1991년까지 활동한 소련의 정보 기관이다.

☆☆　'United Rocket and Space Corporation'의 줄임말로, 러시아 정부가 2013년 우주 사업을 국영화하기 위해 설립한 주식회사다.

진입 시스템을 구축하기도 했다. 레고스타예프는 지평선 너머에 나타날지도 모르는 무언가를 기다리며 먼 곳을 내다보고 있는 것처럼 보였다. 배의 함교에 서서 바다를 바라보며 다가올 일을 예견하는 선장에게서만 볼 수 있는 표정이었다. 세상을 바라보는 이런 시선은 선장들에게 깊게 뿌리 박혀 있는데, 이 사람 역시 그런 시선이 몸에 배어 있는 것 같았다. 끊임없이 지평선 너머를 바라보며 미래에 어떤 일이 일어날지 알고 싶어 하는 사람의 시선이었다.

레고스타예프는 덕망이 높았지만 거만함과는 거리가 멀었다. 우리는 통역사를 통해 대화를 나누면서, 우주 자산을 활용해 동물과 소통할 수 있는 범지구적 시스템을 구축하는 계획에 대해 말했다. 어떤 반응이 돌아올지 알 수 없었으나 우리 프로젝트의 미래가 그의 평가에 달려 있고, 어쩌면 더 중요하게도 나에 대한 그의 평가에 달려 있다는 느낌이 들었다. 레고스타예프는 사람을 한 번 믿으면 그 사람의 팀이 일을 해낼 수 있도록 도와주는 사람이었다. 얼마 뒤 그가 입을 열었다. "저는 농장에서 자랐고 지금도 시골에 집이 있습니다. 동물들이 우리에게 무언가를 말할 수 있다는 것을 압니다. 아울러 동물이 무엇을 말하는지 이해하는 것은 훌륭한 일일 것입니다. 이는 특히 영토가 광활한 러시아에 중요합니다. 중요한 프로젝트이며 최우선 순위에 두어야 합니다." 그러더니 잠시 나와 우리 팀을 바라보았다. 우리를 보면서 마치 최초의 우주인 재진입 캡슐을 설계하던 자신의 팀 초창기 시절을 떠올리는 것 같았다. 그러더니 지평선 너머로 시선을 돌리고는 자리를 떴다. 모두가 다시 일어섰다. 그게 끝이었다.

한 사람의 결정이 최선이라고 할 수는 없지만, 끝없이 진행되는 위원회 회의보다는 훨씬 효율적일 수 있다. 적어도 결정이 내려졌으니 이제 프로젝트를 진행할 수 있었다. 레고스타예프의 지지는 적어도 당분간 우리가 혼란스러운 국제 정치 세계에서 벗어날 수 있다는 것을 의미했다. 레고스타예프의 후원 덕분에 우리는 10년 동안 러시아와 교류할 수 있었다. 수많은 문제에 맞닥뜨렸다. 크림반도 위기가 있었다. 영국에서 러시아 요원들에 의해 스파이와 활동가들이 살해당했고, 러시아에 수감된 사람들도 있었다. 이 모든 상황에서도 한결같이 들었던 말은 우주에서의 협력, 특히 국제우주정거장을 중심으로 한 협력은 어떤 상황에서도 진행한다는 것이었다. "그냥 지금 하던 일을 계속하세요. 이 모든 일이 지나고 나면 다시 긴장이 풀릴 때가 올 것이고, 이카루스처럼 모두가 혜택을 누리는 협업 프로젝트가 좋은 시작이 될 수 있을 것입니다." 우리에게는 앙겔라 메르켈 독일 총리라는 훌륭한 정치인도 있었다. 우리 부처를 통해 과학과 기술에 대한 지원을 확실히 아끼지 않았다.

러시아에서 얼마나 많은 회의를 했을까? 기억도 나지 않을 정도로 많은 회의를 했다. 러시아 공학자 대표단 또한 실행 가능한 시스템 설계를 위해 독일에 있는 우리를 여러 차례 방문했다. 그 모든 기간 동안 자신만의 의제를 가진 사람들과의 관계 문제가 가장 어려웠다. 이들은 공동선을 위해 일하고 과학과 기술의 발전을 위해 함께 노력한다고 말했지만, 실제로는 개인의 영달을 위해 움직였다. 회의장 안에서 나온 모든 혁신적인 아이디어에서 궁극적으로 사사로운 이득을 취하고자 했던 것이다. 몹시 힘이 빠지고 실망스러운 일이었다. 이들의 개인적 의제 때문에 프로젝트가 거의 중단될 뻔했기 때문이다. 프로젝트 관리에서 가장 어려운 부분은 프로젝트의 생존을 위해 이런 사람들을 내쫓고 잠시 물러나 전열을 재정비하는 것이다.

러시아…. 러시아에서의 회의는 놀랍고 재미있었지만, 언제나 그렇듯 극적인 순간도 많았다. 경이로운 사람들이 사는 경이로운 도시이자 당시 세계에서 가장 세련된 도시 중 하나였지만, 호시절이라 불리던 때에도 많은 문제를 안고 있었던 도시인 모스크바에서 잠시나마 시간을 보낼 수 있어서 즐거웠다. 러시아의 유인 우주비행 기업인 RSC에네르기아가 운영하는 우주박물관을 방문한 것은 특별한 경험이었다. 이 귀중한 우주 자산이 왜 공개적으로 전시되지 않는지 이해할 수 없었다. 아마도 러시아는 여전히 스파이를 경계하고 있었거나, 아니면 이 보물들을 공공 박물관에 전시할 재원(혹은 선견지명)이 없었을지도 모른다. 전시품에는 최초의 유인우주선 재진입 캡슐이 있었다. 또한 러시아가 설계한 것이 분명한 최초의 우주 사우나, 우주 캡슐의 조절 가능한 좌석, 스푸트니크 공학 모델, 그리고 우주 경쟁에서 남은 많은 유산을 볼 수 있었다. 그리고 드라마? 글쎄, 모든 것에 드라마가 녹아 있었다.

이카루스 프로젝트가 진행되면서 기술적인 문제뿐만 아니라 수신기와 안테나의 최종 소유자를 정하는 것과 같은 많은 행정적인 문제도 해결해야 했다. 이 장비들을 러시아로 이전하고 우주로 쏘아 올린 뒤에도 여전히 독일 소유일까? 만약 그렇다면 막스플랑크 연구소의 소유일까, 독일 정부의 소유일까, 아니면 나의 소유일까?

언젠가 우주정거장을 해체해야 할 때 궤도에 있는 거대한 금속 조각이 인구 밀집 지역으로 떨어질 수 있기 때문에 이는 중요한 문제였다. 비록 가능성은 지극히 낮지만, 만약 금속 조각이 워싱턴 주재 중국대사관으로 떨어지면 어떻게 될까? 누가 이를 알고 있을까? 지금은 논의를 보류하는 것이 더 나을지도 모르겠다.

기술 팀은 우주 자산―국제우주정거장으로 보낼 수신 안테나와 컴퓨터 등―을 설계하는 동시에 지상 시스템, 즉 동물의 정보를 우주로 전달할 소형 인식표 작업도 시작해야 했다. 단일 작업으로는 이 프로젝트에서 가장 중요한 부분이었는데, 결론적으로 가장 어려운 작업이기도 했다. 독일항공우주센터는 기본적으로 우주 활동에만 자금을 지원했다. 하지만 인식표는 땅에 있었다. 원격 탐사를 담당하는 부서는 식물의 성장 등 지구의 물리적 특성에 초점을 맞추고 있을 뿐 동물의 움직임에는 관심이 없었다. 또한 인식표는 장비가 아니었다. 야생동물에 부착하는 소모품에 해당했다. 이렇게 세세하게 따지다 보니 프로젝트에 큰 부담이 되었다. 국제우주정거장과 함께 일하고 있었지만, 우리가 하는 것은 동물을 대상으로 한 원격 탐사였다. 지구를 탐사할 수 있는 이 혁신적인 방법을 구현할 확실한 자금줄이 없었다.

이제 인식표 개발을 위한 자금 마련이 중요한 문제였다. 그리고 우리는 다시 한번 힘 있는 자리에 있는 개인이 얼마나 중요한지 깨달았다. 이 점이 좋은 일이 될 수도, 나쁜 일이 될 수도 있었다. 우리는 연구에 조금이라도 자금을 끌어다줄 수 있는 독일항공우주센터의 한 부서에 제안서를 보냈다. 하지만 제안서를 평가하던 사람이 대형 장비, 트럭, 컨테이너 등 모든 것을 추적하는 더 광범위한 플랫폼의 일부로 동물 인식표를 구축하고자 하는 다른 프로그램 담당자의 동료였다. 결국 그 목표가 좋은 결과를 가져오고 아마도 10년 정도 개발하면 모든 것이 그 광범위한 방향으로 나아갈 수도 있겠지만, 가장 복잡하고 복합적인 시스템에서 시작해 자금을 지원받는 2년 안에 결과를 내리라 기대할 수는 없다. 결국 우리 제안은 거절당했다. 당시 우리는 기본적으로 인식표 개발을 위한 자금이 부족했는데, 이는 인식표를 개발하여 유명해지려는 욕망을 가진 사람 하나 때문이었다.

우리가 할 수 있는 것은 막스플랑크협회의 장기지원 프로그램에 기대는 것뿐이었다. 장기지원 프로그램이 없었다면 프로젝트는 막을 내렸을 것이다. 넉넉한 자금도 아니고 프로젝트를 시작하기에는 턱없이 부족했지만, 우리의 사기를 북돋우고 일을 계속 진행할 만큼은 되었다. 어쨌든 내부 반발과 자금 문제는 늘 프로젝트를 따라다녔다. 목표를 달성하기에는 자금이 항상 부족했다. 우주 시스템을 구축하려면 보통 2~3억 달러가 필요하지만, 우리 시스템은 그 10분의 1에 불과했다.

또 다른 중요한 문제는 연구소가 주는 쥐꼬리만 한 자금으로는 우리가 원하는 목표인 세계 곳곳에서 이루어지는 수많은 협업 프로젝트에 필요한 대량의 인식표를 생산할 방법이 없다는 점이었다. 우리는 직접 회사를 설립하기로 했다. 꿈은 가상했으나 현실은 완전히 재앙이었다. 회사를 이끌어갈 사람이 자기 잇속만 차렸기 때문이다. 얼마 지나지 않아 회사는 파산했고, 우리는 회사를 포기해야 했다.

또한 러시아 기술자와 독일 기술자가 우주 안테나를 설계하는 방식에도 근본적인 차이가 있었다. 대체로 뛰어난 접근방식으로 평가받는 러시아식 방법은 과거에 입증된 기술을 고수했다. 하지만 최초의 지상-우주 사물 인터넷(우리의 경우 동물 인터넷)인 이카루스와 같은 새로운 통신 시스템에는 신기술이 필요했다. 우리는 VLA의 소형 버전을 설계하고 싶었다. 조지의 생각처럼 단일 망원경을 결합해 우주를 볼 수 있는 거대망원경망을 만들어야 했다. 독일 공학자 팀의 책임자인 베른하르트 돌의 목표는 두 가지였다. 첫째, 수요 증가에 대비해 다시 프로그래밍할 수 있는 안테나 연결망을 구축하는 것이었다. 둘째, 언젠가 자체 위성의 기지 역할을 할 수 있는 안테나를 구축하는 것이었다. 당시 이런 식으로 우주 안테나를 설계하자고 생각한 사람은 아무도 없었다. 이렇게 설계하면 장기적으로 이카루스 통신 시스템을 완전히 재구성해야 할 때 결정적인 역할을 하게 될 것이다. 이에 대해서는 나중에 자세히 설명하겠다.

자금 부족으로 안테나를 하나밖에 제작하지 못했다는 점도 문제였다. 정상적인 상황이라면 우주에서 발생하는 모든 문제를 연구실에서 파악할 수 있도록 하나는 지상에 설치하고, 다른 하나는 우주를 유영하도록 설치해 두 개의 시스템을 구축했을 것이다. 우리는 대신 공학 비행 모델engineering flight model☆을 선택했는데, 이는 안테나가 하나밖에 없어서 어쩔 수 없이 선택한 모델이었다. 아울러 우주비행사들이 국제우주정거장 밖에서 우주를 유영하면서 이 거대한 장비를 조작하는 방법을 정확히 이해하고 연습할 수 있도록 훈련하기 위해 안테나의 중성부력 모델neutral buoyancy model을 만들었다. 우리는 내장형 컴퓨터 시스템을 두 대 제작해 백업용 시스템을 준비했는데, 지나고 보니 이는 엄청난 전화위복으로 돌아왔다.

베를린 공항만 아니었다면(몇 년째 공사가 지연되고 있었다) 우주비행사 훈련용 물탱크 누수 문제를 해결하는 데 세월아 네월아 시간만 보내고 있던 러시아를 더 야멸차게 비난했을 것이다. 우주비행사는 우주 유영을 연습하고 테스트하기 위해 지구에서 제로 부력zero-buoyant 상태를 유지해야 한다. 이를 위해서는 우주복과 비슷한 투박한 잠수복을 입고 물속에서 훈련해야 하는데, 러시아의 물탱크는 누수 탓에 지난 2년 동안 물이 말라 있었다. 말하자면 안테나의 중성부력 모델을 테스트할 수 없다는 이야기였고, 따라서 우주 유영을 준비하고 프로젝트를 지속할 방법을 찾아야 했다. 문제를 해결하기 위해 백방으로 알아보았다. 쾰른에 있는 유럽우주기구 시설을 찾아갔고, 텍사스 휴스턴에 있는 미국항공우주국의 훈련 시설에도 연락했다. 이 일에 독일항공우주센터도 함께했다. 결국 독일 남부의 작은 마을 콘스탄츠에 있는 시립 수영장이 최적의 장소로 결정되었다. 우리는 우주비행사들을 설득해 콘스탄츠의 시립 수영장에 와서 중성부력 모델을 확인하도록 했다.

☆ 위성 개발은 여러 단계로 이루어지는데, 실제로 발사되는 위성이나 로켓이 비행 모델이라면, 그전에 위성의 중량, 치수, 소요 전력 등을 평가하기 위한 모델이 공학 모델이다. 이 모델을 토대로 비행 모델을 제작한다.

동네 수영장에서 우주 안테나를 테스트하는 일이 언제 있을까 싶었는지 마을에서는 꽤 큰 이벤트였다. 테스트는 차질 없이 진행되었다. 또한 연구소에서 이카루스 자문위원으로 활동 중인 젊은 이들을 위한 쇼케이스로도 활용했다. 선배 연구자들은 이미 우리에게 해야 할 일이 무엇인지 충분히 알려주었다. 우리가 원했던 것은 미래가 어디에 있는지 말해줄 열린 마음을 가진 젊은 연구자들이었다. 젊은 연구자들은 안테나와 함께 물속으로 들어가 시스템을 띄우는 일을 거들었다.

2012년에도 나는 2014년이면 우주에 갈 수 있을 거라고 생각했다. 하지만 경험 많은 우주공학자들은 말도 안 되는 소리라며 일축했다. 아무리 빨라도 2016년은 되어야 할 것이라고 했다. 명치를 세게 한 방 얻어맞는 기분이었다. 공학자들을 2년 더 고용할 자금은 어디서 구하고, 과학계에 시간이 더 필요하다고 어떻게 설명해야 할지 앞이 깜깜했다. 2012년에 2016년 이후에도 몇 년이 더 남았는지 알았더라면 포기했을 것이다.

2016년이 지나갔다. 여전히 많은 영역에서 엄청난 문제가 있었지만 일반 시스템 구조는 작동하고 있었다. VLA의 축소 모형으로 고안된 안테나가 작동하고 있었다. 디지털 통신 시스템이 작동하고 있었다. 남은 일은 안테나를 궤도에 올려 인식표에 연결하는 것뿐이었다.

주요 과제 중 하나는 장비를 독일에서 러시아로 가져가 검사하고 발사하는 것이었다. 나를 포함해 연구자들 대부분은 모든 우주 시스템에 대한 품질 검사가 얼마나 엄격하게 이루어지는지 전혀 몰랐다. 이를테면 컴퓨터의 모든 기능은 독일에서 독일과 러시아 팀이 테스트한 다음 러시아로 보내 독일 팀이 포장을 풀고 독일과 러시아 팀이 다시 확인해야 했다.

　우주정거장에 컴퓨터가 제대로 연결되는지 확인하는 작업은 모스크바의 거대한 조립공장에 설치된 국제우주정거장 모형에서 이루어졌다. 우리 기술자들은 모든 케이블이 국제우주정거장에 설치된 랙rack에 맞는지, 전원 공급 장치의 극성이 올바른지 확인해야 했다. 단순한 업무였지만 만에 하나 잘못되면 끔찍한 일이 발생할 수도 있었다. 하지만 이 모든 테스트를 진행한 덕분에 서방 사람들에게 베일에 싸여 있던 시설, 즉 소유즈 로켓이 줄지어 있는 조립공장에 방문할 수 있었다. 사실 소유즈 로켓은 모두 대륙간탄도미사일의 끝부분을 개조한 것인데, 지금은 우주정거장에 화물을 보내는 데 사용되고 있다. 그리고 드디어, 바로 그곳에 국제우주정거장 모형이 있었다. 지상에 놓인 백업 테스트 시스템에는 모든 케이블과 우주정거장 궤도에 발사되었거나 발사될 예정인 모든 것이 연결되어 있었다. 안테나만 제외하고. 안테나가 하나밖에 없었기 때문에 지상 모형에 부착할 수 없었다.

　하지만 가장 놀라웠던 것은 수백 년은 사용한 것으로 보이는 오래된 나무 책상에 앉아 있는 나이 든 러시아 여인이었다. 책상 앞에는 수많은 선과 키릴 문자로 빼곡한 대략 15센티미터 두께의 공책이 있었다. 여성은 국제우주정거장 모형의 모든 커넥터, 케이블, 활동을 빠짐없이 기록하고 있었다. 공책은 국제우주정거장에서 일어난 모든 사건과 러시아 구역에 설치된 모든 것을 기록한 아날로

그 기록이었다. 누군가 나중에 국제우주정거장의 어느 선반에 어떤 나사가 들어갔고 어디로 옮겨졌는지 확인하고 싶으면 공책과 함께 이 여성을 찾아가서 국제우주정거장에 관한 모든 정보를 얻을 수 있었다. 그는 아날로그 CCTV 카메라와 비슷했지만 훨씬 더 뛰어났다. 모든 것이 이미 해독되고 기록되고 공책에 적혀 있었기 때문에 무슨 일이 있었는지 알기 위해 CCTV 영상을 보거나 똑똑한 인공지능에 의존할 필요가 없었다.

기술자들이 안테나가 부착될 국제우주정거장 모형 아래에 서서 최적의 위치를 논의하고 안테나를 국제우주정거장 외부에 고정하는 데 필요한 케이블 길이와 케이블이 지나갈 위치를 측정하는 동안 나는 미하일 벨랴예프와 함께 고가 통로에 서서 모든 과정을 지켜보았다. 뜬금없이 미하일이 자기 할아버지가 1917년 10월 혁명 당시 볼셰비키의 총에 맞았다는 이야기를 들려주었다. 어린 아버지는 이 광경을 지켜봐야 했다고. 또한 국제 정치 상황이 엄청나게 변했는데도 독일이 다시 개입할 수 있기 때문에 이런 일이 다시 일어날까 봐 매 순간 조금은 걱정된다는 말도 덧붙였다. 미하일은 당시 독일 총리였던 앙겔라 메르켈이 러시아를 재침공하려는 식민주의자 중 한 명이라고 생각하고 있었다.

문득 세대 간의 응어리가 여전히 존재한다는 생각이 들었다(그렇게 생각하지 말았어야 했다). 개인적인 감정은 없었지만, 주변을 둘러싼 앙금이 분명히 있었고, 그 앙금은 우리의 모든 관계에 그늘을 드리우고 있었으며, 적어도 몇 세대 동안은 계속 그늘을 드리울 가능성이 높았다. 이것을 깨닫는 것도 나쁘지는 않았다. 사람과 사람

의 거의 모든 관계에는, 아무리 긍정적으로 보이더라도 그 밑바닥
에 트라우마와 이상한 편견들이 숨어 있을 가능성이 있다는 점을
상기시켜주었기 때문이다.

이카루스 귀표를 단 코뿔소

12 동물에게 인식표 달기

이카루스 프로젝트의 또 다른 주요 요소는 물론 땅 위의 동물들에게 부착하는 인식표였다. 인식표가 없으면 안테나가 무용지물이 되기 때문에 우리는 현장에서 동물에게 인식표를 부착하기 위해 여러 차례 답사를 다녔다.

좀 더 야심찬 인식표 프로젝트 중 하나로 나미비아의 오캄바라 엘리펀트 로지Okambara Elephant Lodge에 가서 기린을 비롯해 다른 아프리카 사바나 대형 포유류에 귀표ear tag를 부착했다. 파나마와 독일에서 새에게 인식표를 달던 것과는 사뭇 다른 경험이었다. 기린은 멀리서 보면 느리게 움직이는 것 같지만, 마취시키기 위해 가까이 다가가면 얼마나 빠른지 알게 된다. 힘도 무척 세다. 사자가 기린의 발길질에 채일까 무서워 뒤에서는 절대 다가가지 않는 것도 당연하다. 마찬가지로 사자는 앞에서도 접근하지 않는데, 길고 억센 목 끝에 두 개의 뿔이 달린 기린의 머리는 마치 중세의 전투 도끼처럼 흔들리기 때문이다.

우리는 좀 더 수월하게, 전문 수의사가 소형 헬리콥터를 타고 가면서 진정제 화살을 쏘는 방법을 택했다. 그러면 픽업트럭을 타고 기린을 조심스럽게 따라가던 지상 팀에게는 진정제로 움직임이 둔해진 기린의 앞다리를 커다란 밧줄로 감아 묶을 시간이 1분여 정도 주어진다. 밧줄이 기린을 야무지게 감싸면 대여섯 명의 사람이 커다란 기린을 서서히 멈추고, 다른 사람들은 우람한 근육질 포유류의 뒷다리에 밧줄을 감아 다치지 않게 기린을 천천히 땅바닥에 누인다. 기린의 목과 머리가 땅에 닿는 순간부터 기린이 완전히 근육 기능을 회복하기까지 남은 시간은 2분이다.

그 2분 동안 우리는 높은 시야에서 사바나를 볼 수 있도록 기린의 귀 양쪽에 플라이어plier를 한 번 딸깍해 귀표를 단다. 아프리카에서 움직이는 동물 중 기린 무리의 시야를 벗어날 수 있는 것은 없다. 모든 기린의 머리가 같은 방향을 가리키면 무언가 흥미로운 일이 일어났다는 뜻이다. 기린의 키가 크기 때문에 무선 신호가 나무나 덤불 가지에서 반사되지 않고 공중으로 직접 전달된다는 점도 더할 나위 없이 좋다. 동물의 왕국에서 기린은 완벽한 생물학적 등대이자 망루다. 인식표를 통해 동물의 목소리를 들을 수 있는 기린은 사바나 공동체의 이상적인 대변자 역할을 한다.

동물에 인식표를 다는 일이 마냥 힘들지만은(혹은 성공적이지도) 않았다. 이카루스 프로젝트를 진행하면서 부탄의 멸종위기종인 타킨takin에 인식표를 부착해 이들의 이동을 자세히 파악하고, 또 어떻게 하면 보호할 수 있는지 연구한 적이 있었다. 부탄은 주요 강인 브라마푸트라강 유역으로 흘러드는 해발 약 100미터의 저지대에서부터 7570미터의 최고봉까지(몇 년 전 중국이 부탄의 최고봉을 자국에 속한다고 결정했다는 점은 지적해야만 한다) 전 국토에 걸쳐 온전한 자연 생태계가 존재하는 세계 유일의 국가일 것이다.

부탄은 자연과 함께 살아가면서도 자연을 침해하지 않는 놀라운 사람들이 사는 곳이다. 드높은 히말라야의 영적인 경관과 그곳에 사는 사람들을 만나면 주변의 모든 것과 하나가 되는 느낌에 젖어든다. 인간은 이 부탄 왕국에서 자신을 자연의 일부로 여기고, 이와 같은 삶을 살기 위해 최선을 다한다. 부탄에서는 전통적 가치가 온전히 기능하고 있다.

우리는 부탄의 동물들이 왕국 전역의 산을 오르내리며 이동한다는 점에 흥미를 느꼈다. 이곳 동물들은 모두 30~40킬로미터 범위 안에서 서식하는데, 서식지는 가장 높은 히말라야 초원부터 1년 내내 푸르른 아열대 우림까지 걸쳐 있다. 새는 한 시간 정도면 그 거리를 이동할 수 있지만, 포유류는 원시림처럼 언덕이 가파르고 숲이 울창하기 때문에 훨씬 더 오래 걸린다.

우리가 타킨을 연구하면서 추적하고 싶었던 것은 바로 이와 같은 동물의 이동이었다. 타킨은 알프스산양chamois과 염소가 신화 속 동물처럼 섞인 놀라운 생명체다. 특별히 크지는 않지만 생김새가 우락부락하고, 복싱 챔피언이 글러브로 자신을 방어하듯 뿔로 자신을 방어하는 방법을 잘 알고 있다.

타킨은 겨울에 낮은 고도에 서식한다. 이곳 부탄에서 '낮은'이라는 말은 해발 약 2500미터의 고도를 의미한다. 하지만 저지대에서는 호랑이나 표범과 같은 주요 포식자와 만날 수도 있다. 인도들소gaur 같은 먹잇감이 많이 서식하기 때문이다. 물론 가축 소의 야생 친척인 인도들소는 아프리카의 물소처럼 대규모로 무리를 지어 다니기 때문에 함부로 대할 수 있는 동물이 아니다.

때로 호랑이는 2톤에 달하는 거대한 인도들소보다 제압하기 쉬운 사슴 등 다른 산짐승을 사냥하기 위해 더 높은 곳으로 올라간다. 여름에는 사람들이 풀을 먹이기 위해 고산지대의 초원으로 데리고 온 가축을 잡아먹기도 한다. 호랑이가 소를 죽이면 정부는 농부에게 보상금을 지급하고, 덤으로 농부는 죽은 소를 식용으로 사용한다. 불교 국가인 부탄은 식용으로 쓰기 위해 동물을 죽이지는 않지만, 호랑이가 소를 죽이면 자연사한 것으로 간주해 호랑이와 농부가 함께 소를 먹을 수 있다.

여름에 해발 3500미터의 고산지대 초원으로 올라가는 호랑이는 타킨과도 만날 수 있다. 우리는 여름에 고지대로 올라오는 호랑이를 피하기 위해 타킨이 어떻게 더 높은 지대로 올라가는지 알아보기로 했다. 더 높은 고산지대로 올라가는 동물은 눈표범snow leopard밖에 없는데, 이들은 호랑이보다는 훨씬 작다. 타킨에게는 (특히 어린 새끼들에게는) 눈표범 역시 두려움의 대상이기는 하지만 호랑이만큼 위험하지는 않다. 타킨이 고지대로 이동하는 이유는 새끼들에게 신선한 풀을 먹일 수 있기 때문이기도 하다.

어떤 동물이 언제 어느 정도 고도에 있는지 정확히 파악할 수 없었기 때문에 우리는 이카루스 GPS와 동물의 이동을 확인할 수 있는 인식표를 타킨에게 달아보기로 했다. 첫 번째 단계는 포획한 타킨을 통해 인식표가 어떻게 작동하는지 확인하는 것이었다. 이를 토대로 컴퓨터에서 타킨의 행동에 대한 기준선을 만들 수 있었다. 타킨은 보통 어떻게 행동할까? 달리고, 오르고, 뛰어오르고, 먹이를 먹고, 싸우는 등의 행동을 할까? 부탄의 수도 팀푸 바로 외곽에는 이 우람한 동물이 아름답게 무리 지어 있는 타킨 보호구역이 있다. 이 구역에는 사육사 두 명이 젖병으로 젖을 먹여 키운 타킨 한 마리도 있었다. 우리는 인간의 손에 완전히 길들여진 이 타킨에게 무엇이든 할 수 있다는 허락을 받았다.

부탄의 동료들과 함께 도착했을 때 타킨은 사육사들과 어울리며 편안한 얼굴을 하고 있었다. 우리는 조그만 이카루스 인식표가 달린 예쁜 가죽 목줄을 든 채 관람객들이 타킨에게 먹이를 주기 위해 풀을 들고 서 있는 울타리 밖에서 섰다. 부탄 친구인 셰룹이 사육사 친구들에게 손을 흔들었다. 사육사들이 우리 쪽으로 다가왔고, 목줄을 어떻게 거는 것이 최선일지 서로 이야기를 나누었다. 사육사들은 타킨이 자신들을 믿고 따르니 문제없다고 말했다. 타킨은 이 모든 것을 지켜보고 있었다. 타킨의 모습을 보니 우리가 처음 도착했을 때보다는 약간 더 경계하는 듯했다. 처음 본 사람들이 자기 친구들과 이야기하는 것이 마음에 들지 않는 것 같았다. 다시 사육사들이 다가가자 타킨은 꼼짝도 하지 않고 그 자리에 얼어붙어버렸다.

사육사 한 사람이 목줄을 가지고 있었으나 타킨은 목줄 자체에는 관심이 없는 듯했다. 오히려 타킨은 마치 임무를 수행하듯 어색하게 걷고 있는 두 번째 사육사를 지켜보고 있었다. 두 사육사가 타킨의 목 주위로 목줄을 밀어 넣으려는데 타킨이 머리를 숙이며 무언가 상황이 좋지 않다는 것을 분명히 했다. 타킨은 목에 목줄을 거는 것을 허락하지 않았다. 중요한 교훈을 얻었다. 사육사들이—사랑하는 타킨에게 무엇이든 할 수 있다고—했던 말은 사실이었지만, 이는 타킨이 진정으로 자신을 위한다고 느꼈을 때의 이야기였다. 다른 사람들이(우리가) 끼어들고 사육사들에게 무언가를 해야 한다고 일을 지시하는 것처럼 보이자마자 타킨은 친구들의 뜻을 따르지 않았다.

우리는 타킨이 우리의 존재를 잊고 목줄을 받아주기를 바라며 물러났다. 하지만 헛된 바람이었다. 이는 포획된 타킨에 전자 인식표를 달아 원격으로 몸의 가속도를 연구할 수 없고, 따라서 행동을 연구할 수 없다는 뜻이었다. 마취를 하면 타킨이 겁을 먹거나 친구인 사육사에게 등을 돌릴 수 있기 때문에 마취는 하고 싶지 않았다. 물론 소나 알프스산양 같은 다른 유사한 동물의 움직임을 측정해 타킨의 행동을 추론할 수 있었기 때문에 큰 문제는 되지 않았다. 하지만 타킨의 이야기는 인간과 동물의 관계, 더 정확하게는 동물들이 우리 인간과 맺는 관계에 대해 더 깊이 생각하게 했다.

부탄의 타킨 보호구역에서 목격한 것은 동물이 타인과 자기 친구 사이의 관계를 판단하고, 동물들이 우리와 만난 후 자기 친구들에게 이전과는 다르게 행동한다는 것을 암시했다. 타킨은 두 사육사와 계속 원만하게 지냈다고 들었지만, 이 사건은 두 사육사에게 다소 충격을 준 모양이다. 두 사람 모두 인식표를 부착하려 시도할 때만 해도 '자신들의' 타킨과 암묵적인 신뢰 관계가 있다는 사실을 깨닫지 못했다. 그들의 관계는 사육사가 자기들이 돌보는 '아기' 대신 낯선 사람의 편을 들자 순식간에 바뀌었다. 이 사건은 독립적인 사건이지만, 동물이 사람과 어떻게 교류하는지에 대해 많은 것을 알려준다. 동물은 우리가 일반적으로 생각하는 것보다 훨씬 더 인간을 이해하는 정신적·사회적 능력이 있는 것으로 보인다.

바이코누르의 낙타

13 위성 발사에
점점 가까워지다

16년 동안 하나의 목표를 향해 매진한 끝에 실현을 눈앞에 앞두고 있다는 것이 어떤 의미인지 상상할 수 있는 사람은 많지 않을 것이다. 2017년, 우리는 컴퓨터를 카자흐스탄의 바이코누르로 보냈는데, 이곳은 냉전 시대 소련이 철저히 비밀에 부친 베일에 싸인 우주 기지 중 하나였다. 소련은 서방에 그 존재가 거의 알려지지 않았다는 이유로 바이코누르를 선택했고, 모든 지도는 대륙간탄도미사일이 보관된 우주 기지의 위치를 혼동하게 하려고 거짓으로 표기되어 있었다.

개인적으로 컴퓨터와 안테나를 소유즈 캡슐에 넣기 전에 점검해야 해서 모스크바를 거쳐 바이코누르로 날아갔다. 나는 뼛속 깊이 파고드는 모스크바의 세찬 겨울을 좋아한다. 섭씨 영하 25도 근처를 맴도는 온도, 스텝 지대를 할퀴는 바람, 바이코누르에 착륙하자 비교적 안락한 도시를 떠나 혹독한 환경으로 들어왔음이 사무치게 느껴졌다. 제법 큰 도시인 바이코누르는 그저 우주 공항이 있는 곳이 아니라, 도시 대부분이 우주 경쟁을 지원하기 위해 설계된 것 같았다. 화물은 여전히 우주로 보내지고 있었지만, 한창때 이곳을 지배했을 들뜬 분위기는 대부분 사라지고 없었다.

우리는 가장 큰 발사대 중 하나가 있던 발사 구역 안에 머물렀다. 전체 발사 구역이 약 열다섯 개의 개별 발사장으로 구성되어 있다는 것은 전혀 몰랐다. 그중 열세 개는 지금은 넓고 탁 트인 평평한 스텝 지대 한가운데에 폐허로 남아 있었다. 한때 러시아 우주 프로그램은 미국항공우주국의 중요한 맞수였지만, 소련 붕괴 이후 재정난으로 인해 러시아 우주왕복 프로그램이 중단되고 축소되면서 발사장은 버려졌다. 그럼에도 러시아 우주왕복선 부란Buran은 미국 우주왕복선을 인상적으로 모방한 우주선이다. 크기는 더 컸던 부란에 자금이 계속 투입되었더라면 러시아도 흥미로운 프로그램을 만들 수 있었을 것이다. 부란이 자동 조종으로 저궤도에 진입했다고 들었는데, 사실인지 아니면 러시아 우주공학자와 사람들의 기분을 좋게 하기 위한 이야기인지는 알 수 없었다.

국제우주정거장으로 보내는 화물은 대부분 대륙간탄도미사일을 기반으로 만들어진 소유즈 로켓에 실려 가기 때문에 어쩌면 우리는 냉전시대 유산의 덕을 보고 있었다. 탄도미사일은 목표물에 더 정확하게 도달해야 하니 이를 토대로 만들어진 소유즈 로켓은 세계에서 가장 신뢰할 수 있는 로켓 중 하나였고, 그런 점에서 이카루스 안테나가 하나뿐이었던 우리에게 위안이 되었다.

날씨가 너무 추웠던 탓에 바깥에서 활동하는 사람들이 거의 없었다. 길가에서 서성이는 강인한 쌍봉낙타조차도 찬바람을 피하기 위해 몸을 잔뜩 웅크리고 있었다. 1970년대 스타일로 지어진 우리 방은 한겨울 러시아의 집들이 대개 그렇듯 완전히 절절 끓었다. 연료가 부족하지 않아 온도조절기를 설치하는 것보다 난방을 계속 틀어놓으면서 가끔 창문을 여는 것이 더 편할 정도였다. 다른 곳을 가려면 서류를 빠짐없이 작성해야 했지만, 소유즈 캡슐에 장비를 싣기 위해 주기적으로 들렀던 러시아 공학자 동료들과 함께 여행을 했던 터라 별 문제가 없었다. 하지만 보안요원 없이 호텔 밖으로 나가거나 거리를 오가는 것은 허용되지 않았다.

이튿날 아침, 우리는 중심부가 완전히 통제된 거대한 건물로 이동했다. 일단 건물 안에 들어서면 화장실도 혼자 갈 수 없었다. 중심부에 인접한 방은 우주비행사들을 위한 음식을 준비하는 곳이자 이카루스 안테나가 보관된 곳이었다. 자식뻘 되는 젊은 우주비행사들을 위해 최고의 전통 음식을 정성껏 요리하는 요리사들의 헌신적인 모습을 보니 마음이 따뜻해졌다. 내가 만약 우주에 있다면 할머니께서 만든 것 같은 음식을 먹으며 따뜻한 보살핌을 받는다는 느낌이 들 것 같았다. 마을에 있는 작은 박물관에 가보니 이렇게 만든 음식 몇 가지를 진공 건조해 판매하고 있었다. 몇 개 사서 집에 가져갈 생각에 들떴지만 실망스럽게도 진공 포장된 음식은 러시아의 훌륭한 가정식 음식과 사뭇 달랐다.

벽을 따라 놓인 벤치 몇 개를 제외하고는 아무것도 없는 방에서 작업을 시작해도 된다는 허가가 떨어졌다. 마침내 이카루스 안테나가 들어 있는 상자가 방으로 들어왔다. 네 개의 날개(수신기 세 개와 발신기 한 개)를 접은 직사각형 안테나는 전자제품과 케이블, 플러그, 보호재로 가득 찬 대형 냉장고만 했다. 상자가 괜찮은 걸 보니 일이 술술 풀릴 모양이었다. 트럭이나 선적 운반기에서 떨어진 흔적도 없었다. 안테나가 하나뿐이라 손상되거나 완벽하게 작동하지 않으면 발사할 수 없다는 것을 잘 알고 있던 우리는 조심스럽게 상자 뚜껑을 열었다. 합선이나 구부러진 케이블, 나사가 풀린 곳도 없어야 했다. 모든 것이 완벽해야 했다. 미켈란젤로의 〈다비드상〉이 들어 있었다 해도 이보다 신중할 수 없었을 것이다.

우리는 안테나의 모든 기능을 테스트했다. 모든 것이 정상으로 보였다. 그런데 갑자기 왜 이 회선에는 전류가 흐르고 다른 회선에는 전류가 흐르지 않는 것일까? 젠장. 한 곳에서는 전류가 흐르지만 다른 곳에서는 흐르지 않도록 커넥터가 설치되어 있었다. 절대 일어나서는 안 되는 일이었다. 우리는 설계 회의를 거듭했고, 커넥터를 바꿔도 안테나가 계속 작동할 수 있도록 회로 설계까지 마쳤다. 하지만 절대 해서는 안 되는 실수를 하나 저지른 것이다. 커넥터를 만든 러시아 공학자가 잘못된 케이블을 잘못된 커넥터 핀에 연결했지만, 커넥터 플러그 내부에 혼선이 있었기 때문에 육안으로 확인할 수 없어 실수를 찾아내지 못한 것이다.

안테나에 똑같이 생긴 커넥터 두 개가 딸려 있었다. 이 실수가 의

미하는 바는 우주비행사가 국제우주정거장에 안테나를 부착하기 위해 우주 유영을 하는 동안 대재앙을 막을 유일한 방법이 완전히 똑같이 생긴 두 개의 커넥터 중에서 올바른 것을 정확하게, 100퍼센트 확실하게 골라내야 한다는 것이었다. 국제우주정거장과 연결되는 케이블 끝에 적힌 커넥터의 고유 번호를 보고 우주에 있는 안테나의 특정 번호의 커넥터와 연결해야 했다. 우주비행사들이 우주를 유영하면서 이 깨알 같은 숫자를 읽을 수 있을까? 지상에서는 가능할 것 같았지만, 400킬로미터 상공에서 초속 7킬로미터로 궤도를 도는 와중에 작업이 제대로 될지는 전혀 알 수 없었다. 격렬한 논쟁이 이어졌다. 독일항공우주센터, 독일과 러시아의 공학자, 러시아연방우주청 등 프로젝트와 관련된 모든 사람이 참여해야 했다. 안테나를 발사해도 괜찮을까? 마침내 승인이 떨어졌다.

하지만 이게 끝이 아니었다. 또 다른 재앙이 그늘을 드리웠다. 안테나는 설계 초기부터 항상 수평 상태에서 발사하도록 되어 있었다. 중력을 극복하기 위해 15톤의 고체 로켓추진제를 연소시켜 폭발을 일으키는 로켓 위에 앉아 있는 것을 상상하면 기분이 썩 좋지는 않을 것이다. 이륙하는 동안 소유즈 캡슐 안에 있는 물건들은 흔들리고 덜컹거리며 굴러다닌다. 우리는 발사 중에 발생할 수 있을 것으로 예상되는 모든 진동 주파수를 점검하며 웅장한 기계에 있는 안테나를 테스트했다. 그렇게 우리는 10년간의 설계 기간을 포함해 16년간의 준비 끝에 수평 상태에서 발사해야 하는 안테나를 수평 상태에서 테스트한 후 바이코누르에 도착했지만…. 소유즈 캡슐에는 수직 위치의 공간만 있었다. 신이시여.

이 극적인 상황은 하루 만에 해결할 수 있는 문제가 아니었다. 늦은 오후 심의를 중단한 우리는 모든 일정을 이튿날로 연기했다. 어떻게 해야 할까? 모든 설계 도면은 안테나를 수직 상태에서 발사해서는 안 된다고 명시하고 있었다. 우리는 발사되는 동안 진동의 규모가 정확히 얼마인지 파악하기 위해 동분서주했다. 수직으로 발사할 경우 안테나가 파손될 정도로 진동이 심할까? 몇몇 기술자들이 말했다. "네, 일부가 떨어져나갈 가능성이 높습니다." 다른 사람들의 생각은 달랐다. 결국, 팀의 결정이 필요했다.

많은 것이 위태로웠다. 발사 도중 안테나가 고장 나면 폐기해야 하고, 결국 값비싼 우주 쓰레기만 남게 될 것이다. 이카루스 프로젝트에는 완전한 재앙이 될 것이었고, 이러한 실패가 독일항공우주센터는 물론이고 이카루스의 하드웨어를 제작하고 조립한 독일 회사 스페이스테크에도 악영향을 끼칠 것이다. 또한 러시아의 유인 우주비행 기업인 러시아연방우주공사와 RSC에네르기아에도 커다란 재앙이 될 것이다. 하지만 지금 발사하지 않으면 앞으로 2년 동안은 발사하지 못할 가능성이 높고, 다른 화물을 운반하는 다른 로켓의 공간에 맞게 안테나를 완전히 다시 설계해야 할 것이다. 이 작업은 러시아 공학자의 몫이었다. 하지만 그들에게는 이를 수행할 자금이나 시간이 없었다.

결국 사람들을 설득해 위험을 감수하고 발사할지, 아니면 안전하게 2년간(혹은 무기한) 연기할지 결정하는 것은 나의 몫이었다. 법적인 영향도 고려해야 했다. 발사를 밀어붙였다가 안테나가 고장 나면 전체 프로젝트의 실패에 대한 책임, 즉 3000만 달러짜리 청구

서에 대한 책임을 내가 져야 하는 것일까? 알다시피 쉬운 결정은 아니었다. 하지만 도움을 받을 수 있는 방법이 하나 있었다.

독일항공우주센터의 한 사람에게 도움을 청하는 것이다. 그는 특이하게도 유럽 최대의 거리축제인 쾰른 카니발 조직위에서 일한 적도 있었다. 어쨌든 그는 독일항공우주센터의 법률 지원 책임자이기도 했고, 당시에는 우주 이용의 법적 측면을 공식화하기 위해 은하법intergalactic law 관련 서적을 만드는 국제 팀의 일원이었다. 내가 연락하려던 사람은 베른하르트 슈미트테트Bernhard Schmidt-Tedd로, 그역시 우리의 노력에 매우 공감했다. 즉시 연락할 방법을 알지 못했던 나는 평소 이런 문제를 해결해주었던 이카루스 프로젝트의 총괄책임자 우쉬에게 전화를 걸었다.

30분 뒤 우쉬는 스페인 남부에서 휴가를 보내고 있는 베른하르트의 휴대전화 번호와 함께 어려운 결정을 놓고 긴급 전화를 할 것이라며 베른하르트가 준비할 수 있도록 미리 귀띔을 해놓았다. 바이코누르의 보안 팀으로부터 호텔 밖으로 나가지 말라는 엄포를 받았음에도 불구하고 나는 도로로 걸어갔다. 휴대전화 연결이 조금이라도 가능한 유일한 장소였기 때문이다. 호텔에서 사용할 수 있는 안전한 전화는 없었다. (물론 내 휴대전화가 반드시 안전하다는 것은 아니다.) 이 모든 문제를 해결하면서도 사생활을 지키고 싶었다.

스페인에 있는 베른하르트에게 전화를 걸었다. 그는 귀한 저녁 식사 시간이었음에도 흔쾌히 시간을 내주었다. 나는 생각했다. '서 있을 곳이 못 되는 카자흐스탄 오지의 차갑게 얼어붙은 도로에서 은하법 전문 변호사와 통화를 다 하다니. 이보다 더 특별할 순 없겠군.' 베른하르트는 우리가 선택할 수 있는 다양한 옵션에 대해 신중하게 설명했다. 나는 실행하기로 결심했다. 이튿날 나는 모두와 이야기를 나누었고, 마침내 만장일치로 발사하기로 결정했다. 정말 힘든 일이었고 모두가 노심초사했지만, 장기적으로 봤을 때 최선의 선택—혹은 적어도 피해가 가장 적은 선택—인 것 같았다.

이튿날 우리는 순조롭게 일정을 이어갔다. 바이코누르 발사 현장을 둘러보았다. 현지 박물관과 최초의 우주인 가가린이 살았던 집과 당시 가장 큰 로켓을 만들었던 버려진 발사장에도 가보았다. 러시아 기술자들이 로켓이 폭발할 때 사람들이 탈출할 수 있도록 만든 1킬로미터 길이의 콘크리트 통로가 인상적이었는데, 이 통로로 피신하는 사건이 전에 한 번 있었다고 한다. 박물관에 전시된 사진 속 우주비행사들은 소련, 동독, 체코슬로바키아, 유고슬라비아 등 지금은 존재하지 않는 국가 출신이 많았는데, 우주 관련 재해로 사망한 사람은 단 네 명뿐이었다. 우주공학자들의 최우선 과제는 모든 사람이 무사히 살아서 돌아오는 것이었다. 모든 것이 인상적이었다. 우리의 임무는 끝났고, 곧 발사를 위해 다시 돌아올 생각에 들뜬 마음을 안고 독일로 돌아갔다.

로켓 발사장의 여우

14 마침내, 우주로

　2018년 2월 13일, 소유즈 2-1A 로켓 발사에 참여한 독일항공우주센터 공식 대표단의 일원으로 우리는 바이코누르를 다시 방문했다. 바이코누르행 정기 항공편에는 좌석이 없어서 모스크바에서 소형 비행기를 빌려서 VIP 방식으로 이동해야 했다. 이번에는 현지 기술 팀의 일원이 아닌 탓에 외국인처럼 검문과 감시를 받아야 했다. 공항 직원들이 자기 권력을 과시하고 싶었던 것인지도 모르겠다.

　바이코누르 우주 마을의 숙소가 아닌 전형적인 소련 시대의 '우주 호텔'로 버스를 타고 이동했다. 우주비행사를 우주로 보내는 시절에는 예약이 꽉 찼던 곳이지만, 이번에는 400명을 수용할 수 있는 호텔에 고작 우리 일행 열여섯 명밖에 없었다. 공포영화에 나올 법한 풍경이었다. 짧은 복도 하나만 난방이 되고 불이 켜져 있었다. 호텔의 다른 곳은 어둡고 추웠으며, 직원들은 오직 우리만을 위해 호텔에 있었다.

발사까지 이틀의 시간이 주어졌는데, 우리는 바이코누르의 관광 명소를 둘러보며 시간을 보냈다. 우주박물관과 현지 시장을 갔고, 가가린 이후 모든 우주비행사가 심은 나무가 있는 거리를 둘러보았다. 그곳에는 50년에 걸쳐 심은 다양한 크기의 나무들과 인상적인 이름이 적혀 있었다. 특히 구동독에서 나고 자란 두 명의 우주공학자는 큰 감명을 받은 모양이었다. 이들의 고향은 당시 소련 동구권에 속해 있었는데, 초창기 동독의 우주비행사 중 몇이 이곳에 나무를 심었다고 한다. 정치적 분열이 얼마나 고착화될 수 있는지, 또 그럼에도 견고해 보이는 것들이 얼마나 빨리 변화하는지를 상기시켜주는 기묘한 경험이었다.

우주박물관에서는 1969년 미국의 달 착륙에 대해 언급한 것을 볼 수 있었다. 우리 프로젝트의 러시아 측 수석 기술자 중 한 명은 달 착륙이 어디까지가 진실인지 물었다. 미국 우주비행사들이 정말 달에 착륙했나요? 이야기의 일부가 조작된 것일까요, 아니면 전부 거짓인가요? 그는 자기가 보기에 납득할 수 없는 몇 가지 기술적 측면에 대해 거침없이 의문을 제기했다. 말을 듣고 보니 소련과 동구권에서 달 착륙이 어떻게 보도되었는지 느껴졌다. 아울러 이런 의문이 남지 않도록 당시 서방 사람들이 더 따져 물었어야 했다는 아쉬움이 남았다.

드디어 대망의 날이 밝아왔다. 우리는 새벽 네 시에 일어나 격납고에서 발사대로 이어지는 이동로를 따라 로켓이 이동하는 모습을 지켜보았다. 당시 의사소통이 썩 원활하지는 않아 어떤 발사대를 사용할지 이해하지 못했다. 하지만 모든 사람이 올바른 방향으로(그 방향이 어디든) 천천히 로켓이 움직이도록 집중하는 모습은 인상적이었다. 안테나는 로켓의 탑재부 공간 대부분을 채우고 있었는데, 마치 우리가 이 로켓의 주인인 것처럼 느껴졌다. 수백 명의 사람들이 동물 인터넷의 핵심 요소를 발사하기 위해 일하고 있었다. 이들은 그저 자신이 맡은 일을 수행할 따름이었지만, 우리에게는 일생일대의 순간이었다. 모두가 맡은 일을 제대로 해낸다면 이카루스는 (같은 이름의 신화 속 인물보다는 훨씬 운 좋게) 이륙할 수 있을 것이다.

스텝 지대의 어둠 속으로 열차의 빨간 미등이 멀어지고 있었다. 버스를 타고 발사대로 향하던 우리는 바람이 휘몰아치는 황야에서 얼어 말라붙은 겨울 풀을 먹고 있는 낙타 무리를 지나쳤다. 예상했던 대로 유리 가가린이 사용했던 발사대가 아니라 다른 발사대였다. 이유는 알 수 없었다. 아무도 설명해주지 않았다. 하지 말아야 할 것과 가지 말아야 할 곳만 있었다. 버스에서 내린 우리는 모두 발사대에 가능한 한 가까이 다가가려 했고, 결국 100미터 정도까지 갈 수 있었다. 어둡고 추운 날이었다.

지지대가 로켓을 수직으로 들어올리자 발사대 보안 요원이 이륙할 시간이 되었다고 말했다. 우리는 선로를 따라 걸어가 다시 버스에 올랐다. 전망대로 가는 줄 알았다. 하지만 버스는 약간 내리막 길을 달리다 아무도 다니지 않은 눈 덮인 자갈길로 우회전했다. 말 그대로 아무도 없는 한적한 곳이었다. 그곳이 바로 목적지였다. 우리는 차에서 내려 저 멀리 약간 언덕 위에 있는 발사대를 바라보았다. 로켓 주변에서 사람들이 움직이는 모습이 보였다. 열다섯 명쯤 되는 카자흐스탄 학생들이 탄 스쿨버스가 도착했다. 이 아이들에게도 특별한 날이었다. 우리는 영어로 몇 마디 이야기를 나누었는데 그때 갑자기 로켓을 지지하는 측면 팔이 아래쪽으로 내려가기 시작했다. 발사까지 5분이 남았다는 뜻이었다.

우리는 쌍안경으로 지켜보면서, 누군가 카운트다운 방송을 하기를 기다렸다. 하지만 카운트다운은 없었다. 카운트다운은 분명 미국의 발명품이었다. 로켓은 이제 위풍당당하게 홀로 서서 발사 신호를 기다리고 있었다. 우리 모두는 기다리고, 기다리고, 또 기다렸다. 로켓 발사 시간을 잘못 알고 있었던 것일까. 갑자기 엔진에서 하얀 연기가 피어올랐다. 좋은 징조일까, 나쁜 징조일까? 소방차가 발사대로 달려왔다. 그렇다면, 나쁜 징조일 수도 있었다. 차가운 바람이 매섭게 느껴졌다. 영원할 것만 같은 15분 정도의 시간이 지났을 때 버스 기사가 시동을 걸며 이동하는 게 좋겠다고 말했다. 어떻게 된 건지 알아보려고 했지만 몇 시간 후에야 로켓 발사는 그날이나 다음 날에는 진행하지 않을 것이며, 모레 다시 시도할지도 모른다는 이야기를 들었다. 이루 말할 수 없는 실망감이 몰려왔다. 하지만 적어도 로켓은 안전하고 무사했으며, 폭발하지 않았고, 안테나 역시 탑재부에 실려 있었다. 우주 끝 어딘가, 존재하지 않는 행성에 있는 전초기지 마을의 초현실적이고 스타워즈 같은 분위기를 탐험할 시간이 더 생겼다.

이틀 뒤, 전과 마찬가지로 움직였다. 전에 생긴 바큇자국이 희미하게 남아 있는 오지 한가운데의 아주 특별한 장소로 버스를 타고 이동했다. 온갖 생각이 머리를 스쳤다. '로켓이 또 작동하지 않으면 어떡하지? 왜 발사되지 않았을까? 무언가 잘못된 건 아닐까?' 아무런 설명이 없었다. 큰 문제는 없다는 이야기뿐이었다. 사소한 문제라고 했다. 도대체 무엇이 문제인지 알 수 없었다. 우리는 다시 그곳에 서 있었다. 소방차가 다시 발사대에서 멀리 떨어진 언덕 아래로 내려갔다. 그런데 난데없이, 어디서 여우 한 마리가 튀어나왔다. 여우는 우리와 로켓 발사장 사이를 걸어갔다. 우리를 못 본 건지 무시하는 건지 모르겠지만, 우리에게는 마치 생텍쥐페리의 어린 왕자가 이국의 땅에 불시착했을 때 만난 여우 같았다.

그리고 별안간, 수정처럼 맑은 어느 아름다운 아침에 로켓이 굉음을 내며 흔들리기 시작했고, 몇 초 뒤 발사의 진동이 온몸으로 느껴졌다. 정말 거대한 폭탄이 터지는 것 같았다. 로켓이 솟아오르기 시작했다. 눈구름이 성운처럼 로켓 주위를 날아다녔다. 모든 일은 순식간에 벌어졌다. 로켓이 고도를 높이고 엔진에서 점점 더 세차게 불길이 쏟아졌다. 그리고 장관이 막을 내렸다.

우리는 춤을 추고, 울고, 서로를 껴안았다. 거의 20년간 쌓인 모든 압박감이 날아가버린 것 같았다. 그 순간만큼은 앞으로 얼마나 많은 일이 기다리고 있는지 까맣게 잊었다. 로켓은 우주정거장에 도달해야 했다. 안테나는 발사 진동을 견뎌내야 했다. 모든 것이 우주정거장에 딱딱 맞아떨어져야 했다. 우주비행사들은 국제우주정거장 외부에 안테나를 고정하고 컴퓨터에 연결해야 했다. 그리고 모든 것이 실제로 작동하는지 확인해야 했다. 하지만 그 순간만큼은 신경 쓰고 싶지 않았다. 매서운 추위도 느껴지지 않았다. 우리는 눈 속에서 춤을 추었다. 버스 운전사와 직원들에게는 오늘이 늘 있는 평범한 하루라고 해도 상관없었다. 이들 중 몇몇은 이런 장면을 수백 번도 더 봤을 테지만, 우리는 암스트롱이 달에 첫발을 내디뎠을 때 느꼈을 법한 그런 감정을 느꼈다. 우리에게는 커다란 발걸음을 내딛는 순간이었다. 인류로서는 이제 막 한 걸음을 뗀 것이지만.

5개월 뒤 우리는 모스크바에 있는 러시아연방우주공사의 지상관제센터로 돌아왔다. 로켓은 국제우주정거장에 무사히 도착했고 우주비행사들은 우주를 유영할 준비를 마쳤다. 공식적으로는 우리가 여전히 안테나 소유자였기 때문에 모스크바에 있어야 했다. 무언가 실패하면 우리 책임이었다. 우리는 현장에 있으면서 그 자리에서 결정을 내리고 일이 잘못되면 책임을 져야 했다.

지상관제센터에서 기술적 문제를 담당하는 직원들을 위해 마련된 실제 관제실에는 들어가지 못했다. 사람들은 안테나 설치가 꽤 까다로운 우주 유영 작업이라고 이야기했다. 지금까지 우주비행사들이 우주정거장 외부에 직접 부착한 장비 중 가장 큰 것으로 추정되는 장비였기 때문이다. 우리가 걱정한 것은 케이블이었다. 공책에 모든 것을 기록하는 나이 든 여성이 있던 동굴 같은 공간에서 국제우주정거장 모형 외부에 얼마나 많은 케이블이 매달려 있는지 보았기 때문이다. 우주비행사들이 커넥터와 플러그를 정확히 찾아 딱 맞게 연결할 수 있을지 걱정도 되었다. 기회는 한 번뿐이었다. 바이코누르에서 로켓을 발사할 때와 마찬가지로, 이 작업 역시 카운트다운도 없었고 다음에 일어날 일에 대한 정보도 없었다. 우리는 지상관제센터의 뒷방에 앉아 독일에서 가져온 휴대전화로 미국항공우주국에서 올린 유튜브를 보았다. 영상을 보느라 데이터를 모두 써버렸지만 상관없었다. 바로 옆 관제실 안에서 무슨 일이 벌어지고 있는지 알 수 있는 유일한 방법이었으니까.

기나긴 우주 유영은 생각보다 엄청나게 힘든 일이었다. 그냥 아침에 일어나 산책 나가는 정도가 아니었다. 국제우주정거장 밖으로 나가면 지구 반대편에 도달할 때까지 빛을 보는 시간이 45분밖에 되지 않으며, 이후에는 다시 칠흑같이 어두워진다. 덩어리가 큰 작업을 할 때는 조명을 써서 하고, 세세한 일을 조율할 때는 헤드램프를 사용했다.

우주 유영은 우리 예상보다 세 시간 더 걸린 것을 제외하고는 전반적으로 순조롭게 진행되었다. 모두가 예상했던 네 시간이 아니라 대략 일곱 시간이 소요되었는데, 대부분의 시간을 이카루스 안테나가 잡아먹었다. 한번은 '자신들의' 안테나가 케이블에 매달려 이리저리 흔들리다가 국제우주정거장 외부에 심하게 부딪히는 바람에 우리 기술자들이 자리에서 벌떡 일어서는 긴박한 순간이 있었다. 지상에서는 작업복이 접지되어 전기 스파크가 튀어도 회로를 손상시키지 않을 때만 기술자들이 안테나를 만질 수 있었고, 거대한 발포고무 층으로 안테나가 완충되어 있었다. 지금은 소중한 안테나가 우주에 던져져 있고, 우리 기술자가 생각하기에 너무 거칠게 다루어지고 있었다. 하지만 모든 것이 작동했다. 케이블 플러그만 제외하고.

"이 플러그가 맞나요? 다른 플러그를 찾을 수 없네요."한 우주비행사가 지상관제센터에 물었을 때는 가슴이 철렁 내려앉았다. 하지만 이 우주비행사들에게도 이것은 일상적인 작업의 일부였을 것이다. 우주비행사들은 다른 플러그를 찾아 케이블을 연결하고, 일곱 시간 만에 우주 유영을 마쳤다. 우주비행사들이 우주선으로 돌아와 선내 컴퓨터를 켜고 부팅하자 시스템이 작동하기 시작했다. 다시 한번 주체하지 못할 만큼 눈물이 쏟아졌다. 우리는 세계 곳곳의 동물들과 대화를 나누기 위한 탐구의 다음 주요 이정표에 도달한 것이다.

이카루스 태그를 단 대륙검은지빠귀

15 인식표, 작고 가볍고 튼튼하게

모두가 위성이 이카루스의 가장 혁신적이고 어려운 퍼즐 조각이라고 생각했지만, 실제로 최대 난관은 우주의 수신기와 지상에 있는 인식표, 즉 발신기를 연결하는 최적의 방법을 찾는 것이었다. 작고 강력한 발신기, 말하자면 야생동물에 어울리는 기기를 만들고 싶다면 그에 맞게 수신기를 설계해야 하고, 그 반대의 경우도 마찬가지였다. 이 둘 사이의 통신에 따라 얼마나 많은 정보를 주고받을 수 있는지, 얼마나 자주 정보를 전송할 수 있는지가 결정된다. 하지만 가장 중요한 것은 동물에 붙인 인식표가 잘 작동해야 한다는 것이었다. 어쨌든 인식표가 동물의 생활에 방해가 되어서는 안 된다.

이카루스 인식표는 커다란 진드기나 흉터처럼 느껴져 동물이 붙이고 있다는 사실을 잊어버릴 수 있어야 한다. 이 문제는 부분적으로는 자금 문제 때문에 이카루스 기술 개발에서 가장 까다로운 부분이었다.

우주 관련 기관은 주머니가 두둑하고, 원한다면 우주 개발에 충분한 자금을 쏟아부을 수 있지만, 대체로 지상 관련 기술 개발에는 인색한 편이다. 이들은 자기들이 관여할 문제가 아니라고 말하지만, 지상 기술 개발이 없다면 이카루스는 우주에서 길을 잃을 것이다. 야생동물을 위한 소형 다용도 인식표를 개발할 수 있던 것은 막스플랑크협회의 자금, 우리의 고위험 연구를 지원하겠다는 안목을 가진 막스플랑크협회의 다양한 분야의 부이사장들 덕분이었다.

야생동물용 인식표—20년 전 이카루스를 구상할 무렵만 해도 이런 표현 자체가 없었다—설계는 동물용 무선원격측정을 시작할 때부터 목표였다. 최초의 인식표는 회색곰과 말코손바닥사슴[elk] 같은 포유류를 위해 설계된 경량 무선 목줄이었다. 앵무새에게도 목줄을 달았지만, 새에게 인식표를 달기에 가장 좋은 위치는 몸에서 무게중심과 가장 가까운 곳인 배였다. 새의 배에 인식표를 부착하는 좋은 방법이 없었기 때문에 차선책으로 새의 등에 인식표를 부착하는 방법을 썼다.

빌 코크런의 오랜 친구인 아를로 라임[Arlo Raim]은 인식표 분야에서 가장 혁신적인 선구자 중 한 명이었다. 올리브색등지빠귀와 갈색지빠귀를 추적하던 초기에 아를로는 새 등에 있는 깃털 몇 개를 자르고 속눈썹 접착제를 몇 방울 떨어뜨린 다음 깃털 밑동에 빌이 개발한 1.5그램짜리 소형 인식표를 부착했다. 이렇게 인식표를 붙이면 새는 더위와 추위에도 깃털로 자신을 보호할 수 있으므로 체온을 조절하는 데 문제가 없다. 또한, 자르지 않은 깃털이 인식표를 매끈하게 덮었기에 인식표가 새의 공기역학에 거의 영향을 미치지 않았다. 가장 중요한 것은 새가 이동을 계속하기 위해 비행에 나서고 보통 1~2주가 지나면 접착 부위가 약해져 인식표가 떨어진다는 점이었다(조류 실험에서 확인되었다). 접착제와 인식표가 어찌 되든 새는 결국 밑동까지 잘린 깃털뿐만 아니라 모든 깃털을 벗고 털갈이를 한다. 짧은 시간 인식표를 부착하는 것으로는 완벽한 시스템이었다. 안타깝게도 아를로 라임은 자신이 가장 좋아하는 일을 하다가 세상을 떠났다. 미국 중서부 평지에서 무선 전파 수신이 가장 잘 되는 이상적인 장소는 고가철로였다. 라임은 시카고 남쪽에서 북부홍관조northern cardinals를 추적하던 중 고가철로에서 잠이 들었다가 화물열차에 치이는 변을 당하고 말았다.

월동지로 이동하는 명금류를 밤을 새워가며 추적하는 동안 빌과 나는 어느 아침 새를 포획해 무게를 측정하고—가장 힘든 작업이었다—이튿날 아침 다시 포획해 무게를 쟀다. 일리노이 중부 어바나샘페인에서 해가 진 직후부터 개똥지빠귀를 따라가기 시작해 어디로 지나가는지 밤새도록 추적했다. 녀석들은 위스콘신, 미네소타, 인디애나, 아이오와, 미시간 북부 지역으로 날아갔다. 이 연구에서 인식표의 정보를 해독한 덕분에 우리는 이 위대한 작은 마라톤 선수들이 야간에 비행하는 동안 얼마나 많은 에너지를 소모하는지 알게 되었다. 하지만 당시 연구에서 정말 흥미로운 부분은 따로 있었다. 가장 인상 깊었던 것은 새들이 소형 발신기의 무게를 감당하기 위해 자신의 몸무게를 조절한다는 사실이었다.

아침에 어바나샘페인의 남쪽 숲에서 올리브색등지빠귀를 잡는다. 무게가 약 35그램이었다고 치자. 그런 다음 1.5그램짜리 소형 무선 발신기를 붙이고 새를 놓아준다. 새는 종일 먹이를 먹었고 저녁에는 몇 그램씩 몸무게가 늘어났다. 해가 질 무렵 새는 밤하늘로 날아갔고, 우리도 이 공중 곡예사를 따라잡기 위해 중서부 시골길을 따라 달렸다. 올리브색등지빠귀가 착륙한 직후인 아침, 우리는 북쪽으로 수백 킬로미터 떨어진 곳에서 똑같은 새를 다시 포획해 무게를 다시 측정했다. 놀랍게도 올리브색등지빠귀의 무게가 35그램으로 똑같았다. 발신기 무게를 포함하면 더 무거워져야 했는데도. 어떻게 이런 일이 일어날 수 있을까?

이유는 알 수 없으나 지빠귀들은 최적의 몸무게를 감지하고 인식표를 계산에 포함해 이륙할 때와 착륙할 때 몸무게를 적절히 조절했다. 분명히 새들은 각자 최적의 이착륙 무게가 있었고, 이제는 인식표의 무게도 포함되었다. 그리고 이 새들이 훨씬 더 미세한 단위로 무게와 균형을 조절한다는 사실을 발견했다. 의도한 것은 아니지만, 일부 인식표는 머리에 조금 더 가깝게, 일부는 꼬리에 조금 더 가깝게 붙였다. 이렇게 아주 미세하게 위치가 달랐던 이유는 인식표를 붙이는 동안 새를 잡는 방식이 의도치 않게 달랐기 때문이었다. 우리는 새들이 이동하는 동안 인식표의 위치에 맞게 피하지방이 조정된다는 사실을 발견했다.

명금류의 지방 분포에 대해 잘 모르는 분들을 위해 덧붙이자면,

명금류는 미쉐린맨과 같은 지방 분포를 보이는 나이 든 사람(적어도 남성)과는 조금 다르다. 새는 비행에 필요한 필수 에너지를 배의 피부 아래에 지방으로 저장한다. 그러나 이 지방은 균등하게 분포되어 있지 않고 앞쪽의 목구멍과 가슴 사이, 뒤쪽의 배설강과 가슴 사이에 집중되어 있다. 이 두 부위 사이의 가슴은 모두 근육이다. 원격측정 인식표를 우연치않게 조금 더 앞에 붙이면 새는 가슴 위의 지방을 줄이고 가슴 아래의 지방을 약간 늘린다. 그 반대의 경우도 마찬가지다. 조종사가 비행하면서 비행기를 완벽한 각도로 유지하기 위해 미세하게 조정하는 것과 거의 흡사했다. 이는 새들이 인식표를 크게 신경 쓰지 않았다는 의미였다. 새들은 단지 이동 무게, 즉 지방의 저장량을 신중하게 분배하고 재조정해 비행 자세를 잡은 것이다.

개똥지빠귀에게는 숨은 단점이 있었다. 새의 지방은 일종의 보험과 같은 것으로, 지방이 많을수록 밤새 더 먼 거리를 비행할 수 있다. 새는 평상시에는 지방을 모두 사용하지 않지만, 정말 힘든 여행에서는 비축해둔 지방을 모두 소모할 수도 있는데, 무선 인식표를 붙일 경우 일부 지방을 쓸 수 없다. 우리는 인식표의 영향을 최소화하기 위해 제아무리 노력하더라도 새들이 조금은 거추장스럽게 느끼고, 또 약간의 불편함은 항상 느낀다는 것을 깨달았다. 하지만 장기적으로 볼 때 인식표를 붙이면 새들이 맞닥뜨리는 약간의 위험보다는 이득이 더 크다고 확신했다. 아울러 인식표를 부착한 새들이 부착하지 않은 새들보다 계절별 회귀율이나 생존율이 낮다는 징후도 전혀 없었다. 인류는 인류세에 많은 문제를 해결해야 한다.

우리는 이 인식표가 야생동물에 미치는 영향을 최소화하면서 인류세의 문제를 해결하는 데 보탬이 되기를 바랐다.

빌과 함께 개발하고 제작한 소형 인식표는 스푸트니크형 발신기에서 얻을 수 있는 최고의 예술 작품이었다. 가장 강력한 특징은 작은 배터리의 놀라운 수명, 그리고 엄청난 거리까지 전달되는 신호였다. 빌은 구식 무선 신호를 토대로 이 모든 것을 해냈다. 빌이 만든 무선 인식표의 또 다른 기발한 반전은 짧은 신호음을 사용하는 대신 연속적 파동으로 신호를 전달하는 방식을 채택한 것이었다. 이런 방식은 인식표의 수명을 크게 떨어뜨렸지만, 기압과 같은 다른 정보를 전파에 담을 수 있어 언제든 새의 정확한 고도를 파악할 수 있었다. 또한 새가 비행할 때 인식표의 안테나가 어떻게 흔들리는지 기록해 새가 날개를 어느 정도의 속도와 빈도로 퍼덕였는지 계산할 수 있었고, 이를 통해 새가 얼마나 많은 에너지를 사용하고 있는지도 정량화할 수 있었다. 인식표에 내장된 다른 센서는 새의 체온과 새의 피부에서 전기 전하를 측정했다. 이 인식표는 새의 심박수와 호흡 속도까지 알려주었다. 빌이 단순한 스푸트니크형 인식표를 연속적인 무선 발신기로 개조한 덕분에 우리는 비행 중인 새들로부터 엄청난 양의 정보를 얻을 수 있었다.

하지만 이 모든 것은 우리가 새들과 근거리에 있으면서 차를 타고 끊임없이 따라다녔을 때만 가능했다. 우리가 개발한 원격측정 시스템으로 흥미로운 연구를 계속할 수는 있지만, 새들이 멀리 있을 때 무엇을 하고 있는지는 알 수 없다는 사실을 뼈저리게 인정할 수밖에 없었다. 이카루스를 개발하기 시작하면서 인식표를 붙인 각각의 동물로부터 수집한 데이터를 측정하고 평가할 수 있는 센서가 필요하다는 사실도 깨달았다. 분석해야 할 데이터가 늘어남에 따라 단순하지만 뛰어난 아날로그 시스템을 버리고 디지털로 전환해야 했다. 아날로그 무선원격측정을 포기하는 것은 이카루스 인식표와 시스템 개발에서 가장 어려우면서도 가장 중요한 일이었다.

사실 디지털 방식으로의 전환은 새로운 위성통신시스템인 이카루스가 당시 사용 가능했고 오늘날에도 여전히 확실하고 신뢰할 수 있는 시스템으로 운영되고 있는 아날로그 방식의 아르고스^{Argos} 시스템과 차별화되는 지점이기도 하다. 프랑스와 미국의 위성시스템인 아르고스는 1970년대 후반 전 세계 기상관측 부표의 정보를 우주에서 판독하기 위해 구축되었다. 대부분의 부표는 드넓은 바다에 있었다. 이후 '부표'는 점점 더 작아졌고, 결국 대형 동물의 인식표로 사용할 수 있을 만큼 작아졌다. 지상에 사는 동물에 부착한 인식표는 처음에는 정확도가 상당히 떨어졌고, 종종 수백 킬로미터씩 오차가 발생하기도 했다. 또한 아르고스 발신기의 신호는 다른 무선 잡음이나 택시나 보트의 무전기 같은 통신 장치와 혼선을 일으킬 수 있었다. 이와 같은 종류의 무선 트래픽이 많이 발생하는 세계 곳곳의 지역―이를테면 지중해나 유럽, 중국 일부 지역 등―에서는 아르고스를 거의 사용할 수 없는 것이다. 물론 세계 곳곳의 외딴 지역에 사는 동물에게는 이런 전통적 아날로그식 추적은 훌륭한 시스템이다. 하지만 전 세계 야생동물에게 붙일 초소형이면서도, 다목적 기능을 가진 저렴한 기기를 개발해야 했던 우리에게는 최선의 시스템이 아니었다.

다행히 2000년대 들어 개인정보단말기$^{Personal\ Digital\ Assistant,\ PDAs}$가 등장하고 이후 스마트폰이 개발되면서 같은 문제가 제기되었고, 디지털 혁명이 시작되었다. 소비재 산업에서는 스마트폰의 위치를 파악하기 위해, 이를테면 스마트폰이 테이블 위에 놓여 있는지 아니면 귀에 대고 있는지 등을 파악하기 위해 스마트폰의 위치를 3차원으로 측정하고 분석하는 시스템을 개발했다. 또한 스마트폰에는 기기의 발열과 냉각을 확인하기 위한 온도센서가 탑재되어 있다. 자력계^{磁力計}는 지도 프로그램을 사용할 때 사용자가 향하고 있는 방향을 가리킨다. 아울러 GPS 센서는 대략적인 해발 고도를 알려준다. 기압 센서를 추가하면 나무나 건물의 정확한 높이를 알 수 있고, 더 많은 센서를 덧붙여서 사용할 수 있다. 이카루스 인식표를 개발하면서 우리는 동물과 주변 환경으로부터 가장 중요한 정보를 파악하고 싶었기 때문에 어떤 센서를 탑재할지를 놓고 오랫동안 논의했지만, 센서를 탑재할수록 전력 소모가 많았기 때문에 모든 센서를 다 넣을 수는 없었다.

이카루스 인식표에 쓸 수 있는 전력은 거의 없었다. 지상에서 우주까지 750킬로미터가 넘는 거리에 데이터를 보내는 데 대부분의 전력을 써야 했다. 우리는 가속도와 자기장을 3차원으로 측정하는 센서를 포함하기로 결정했다. 또한 새가 나무에 있는지 지상에 있는지, 새가 날고 있는 정확한 위치의 날씨가 어떤지 알 수 있는 온도, 습도, 고도 센서를 탑재하기로 했다. 우리는 이 분야가 급속도로 발전할 분야이며, 동물에 '탑재된' 이들 데이터를 평가할 수 있는 알고리즘이 곧 실현될 것으로 보고 있었다. 데이터를 검토하고 새의 행동과 환경을 해석하는 데 중요한 핵심 정보만을 전송하도록 칩을 프로그래밍하려면 이카루스 인식표 각각에 들어가는 칩의 용량이 이러한 알고리즘을 실행할 수 있을 만큼 커야 했다. 인식표에 들어가는 다른 구성품들이 실제로 상당히 무거웠기 때문에 이들 센서와 칩은 무게가 1그램 이하인 회로 기판에 담겨야 했다.

무거운 부품 중 하나는 GPS 안테나였다. 대부분의 사람들이 생각하는 것과 달리 GPS는 다른 사람에게 당신의 위치를 알려주는 수단이 아니다. GPS는 당신에게 당신의 위치를 알려주기만 할 뿐이다. GPS 시스템에는 양방향 통신이 없다. GPS는 오직 정보를 받기만 하는데, 수신기는 약 3만 킬로미터 떨어진 여러 위성에서 들어오는 전파를 비교하고 복잡한 계산을 통해 정확한 위치를 알려준다. 이 과정에는 많은 에너지가 소모된다. 다행히도 이 모든 기능을 수행하는 초소형 전자칩을 저렴하게 구입할 수 있지만, 동물에 사용하려면 에너지 소비가 가장 적은 최고의 칩을 찾아 인식표에 통합해야 한다. 물론 크기가 중요하다. 에너지 소비가 가장 적은 GPS 수신기 칩은 휴대전화 표면 전체를 수신 안테나로 사용하는 경우가 많다. 인식표를 조그만 새에 붙이려면 이러한 모든 기능을 핀의 머리 크기로 줄여야 하는데, 이 점이 해결해야 할 가장 큰 숙제 중 하나다.

일단 GPS 수신 안테나가 마련되면, 위성에 신호를 전송할 두 번째 안테나를 마련해야 한다. 위성이 있는 곳인 가시 천공(눈으로 볼 수 있는 하늘)을 스캔할 수 있는 외부 무지향성 안테나가 필요하다. 위성은 어딘가에 있을 것이고, 인식표의 발신 안테나는 동물이 어디에 있든, 또 위성 수신기를 기준으로 어느 곳에 있든, 위성을 찾아야 한다. 안타깝게도 무지향성 안테나는 망원경처럼 한 지점을 정확히 찾아내는 것이 아니라 우주에서 들어오는 모든 잡음을 분류하기 때문에 항상 비효율적이다. 이러한 발신 안테나는 보통 휘어지는 금속선 안테나 형태로 거의 모든 방향으로 신호를 보낼 수 있다. 이카루스의 무선 주파수를 위한 휩 안테나whip antenna의 길이는 대략 15센티미터여야 하지만, 동일한 시스템에서 약간 다른 방식의 안테나인 패치 안테나patch antenna는 직경이 6센티미터 정도로 작기도 하다. 말하자면, 다양한 유형의 동물에 가장 적합한 최적의 인식표를 디자인하려면 많은 장단점을 고려해야 한다.

이제 정말 가슴 아픈 부분이 등장한다. 바로 배터리다. 배터리는 언제나 가장 중요한 친구이자 최악의 적이다. 마치 물병과 같다. 하이킹할 때 무게는 가장 많이 차지하지만, 목이 탈 때는 한 번에 쑥 줄어들어 버린다. 동물 인식표를 충전할 수 있는 유일한 방법은 태양광 발전뿐이다. (팔을 움직이면 영구적으로 작동하는 고가의 스위스 시계의 운동 메커니즘과 같은 에너지 수확 장치를 연구하고 있지만 태양 전지판보다 훨씬 효율이 떨어진다.) 태양광 발전의 가장 큰 문제는 … 태양이 필요하다는 것이다. 날이 추우면 그렇지 않아도 배터리 효율이 떨어지는데, 겨울철 북반구의 빽빽한 숲에서 지내는 것을 좋아하는 새에 붙은 인식표에 내리쬐는 태양광의 양이 얼마나 보잘것없을지 생각해보라. 거의 제로에 가깝다. 태양 전지판에 끊임없이 햇볕이 내리쬐는 열대 바닷새를 연구할 때 얻을 수 있는 전력과 비교해보자. 이 정도 전력이면 하루에도 여러 번 새의 GPS 위치를 파악할 수 있고, 내장된 칩으로 정교한 계산을 수행할 수 있으며, 내장된 저장 공간에 데이터를 기록할 수 있다. 말하자면, 전자장치를 이리저리 굴리고도 힘이 남아돌 정도로 충분한 전력을 확보할 수 있다.

이처럼 에너지 가용성에서 엄청난 차이가 있기 때문에 동물 인식표 프로그래머는 모든 선택지, 모든 대체 해결책 및 모든 돌발 상황을 염두에 두고 군사 계획 짜듯이 생각해야 한다. 북쪽에서 겨울을 나는 찌르레기의 경우, 인식표의 감지 기능과 메모리를 계속 유지하면서 1~2주마다 짧은 메시지를 전송할 수 있는 충분한 에너지가 있는지 확인해야 한다. 적도 바다를 가로질러 날아오르는 검은등제비갈매기sooty tern는 에너지 천국에 있으므로 에너지를 많이 쓰는 GPS 수신기를 자주 사용해 배터리가 잉여 태양 에너지로 넘치지 않도록(그렇게 해야만 한다) 할 수 있다.

하지만 야생동물에 부착하는 인식표에 기능보다 더 중요한 것이 있다. 인식표를 단 동물이 사는 환경으로부터, 그리고 그 친구 및 가족으로부터 부품을 보호해야 한다는 것이다. 열대우림은 뜨거운 물로 오랫동안 샤워한 직후의 목욕탕처럼 계속 습기가 차 있다. 사막은 사우나처럼 뜨겁다. 겨울은 냉동고보다 더한 추위가 오랜 기간 지속될 수 있다. 심해와 태산준령과 지하 동굴은 더 말할 것도 없다. 무엇보다도 동물들은 사람처럼 전자기기를 애지중지하지 않는다. 거대한 부리를 가진 동물은 물건을 쪼아대는 것을 좋아하고, 어린 개코원숭이는 엄마의 인식표 안테나를 곧잘 씹어대며, 뼈를 부숴버리는 사자와 하이에나 턱은 거의 모든 것을 순식간에 으스러뜨리고, 찌르레기에서 발견했듯 새가 깃을 다듬으며 안테나가 꼬이거나 부러지는 경우가 있다. 다행히도 찌르레기의 경우, 치과에서 교정기를 만드는 데 사용하는 니켈 티타늄 합금이 매우 효과적이라는 사실을 발견했다.

이 모든 전자부품을 작고 신체공학적이며 견고하게 포장하는 방법을 찾는 것이 기술이다. 작은 회로기판에는 많은 간섭이 존재한다. 수십, 수백 개의 전자부품에서 방출되는 전파가 서로 간섭할 수 있으므로 모든 부품이 서로 간섭하지 않도록 조정해야 한다. 덮개는 튼튼하면서도 초경량이어야 한다. 또한 하네스, 배낭, 귀표 핀 혹은 동물에게 인식표를 부착할 수 있는 기타 부착물이 있어야 하며, 습도나 기압을 측정하려면 외부로 작은 구멍이 몇 개 뚫려 있으면서 접착제 또는 에폭시로 채워져 있어야 부품과 전자장치를 안전하게 보호할 수 있다.

포유류를 많이 연구하는 나의 친구 롤런드 케이스는 인식표를 세게 잡아보고, 찢어보고, 비틀어보고, 바위에 부딪혀보고, 가장 취약한 부위를 깨물어보는 등 다양한 방법으로 테스트를 진행한다. 만약 인식표가 이 테스트를 통과한다면 야생동물에 부착해 사용할 수 있을 것이다. 말할 것도 없이 대부분의 시제품과 시중에 판매되는 많은 인식표는 롤런드의 내력 테스트에서 살아남지 못한다. 그리고 더 중요한 측면이 하나 더 있다. 우리는 최고의 예술 작품이라 할 수 있는 이카루스 인식표를 〈모나리자〉처럼 단 하나만 제작하고 싶지 않았다. 수백, 수천, 수만 개의 〈모나리자〉를 만들고 싶었다.

그렇다면 놀랍도록 다양한 종류의 동물 집합체인 야생동물에게 어떻게 인식표를 부착할 수 있을까? 여기서는 새만 생각해보자. 우리는 무게가 2그램에 불과한 쿠바의 벌새부터 날개 길이가 최대 3미터에 달하는 히말라야독수리까지 모든 새를 연구했다. 우리는 큰 새에 부착할 인식표를 찾기 위해 다양한 방법을 테스트했고, 수많은 시도 끝에 하네스 인식표에 가장 적합한 재료로 군용 낙하산에 사용되는 테프론을 찾았다. 군용 테프론은 햇빛에 의해 성능이 저하되지 않으며 칼로도 잘 안 잘린다.

다음 문제는 새에게 꼭 맞으면서도 새의 생활을 방해하지 않도록 하네스 인식표를 붙이는 방법을 찾는 것이었다. 몽골부터 러시아, 중국, 인도, 남미, 북미, 아프리카, 유럽에 이르기까지 다양한 사람들의 조언과 독창성을 바탕으로 우리는 안을 유연한 고무 구조로 댄 하네스를 만들었다. 이 하네스는 새가 생존에 필요한 활동을 끊임없이 수행하면서 근육을 접고 펴는 동안 새의 몸에 자연스럽게 맞춰졌다.

세계 곳곳의 다양한 학자들이 모인 이카루스 프로젝트는 시행착오를 겪으며 다양한 새들에 적절한 최상의 시스템을 만드는 방법을 연구했다. 아마도 가장 길고 강도 높게 진행한 실험은 동료이자 친구인 예스코 파르테케Jesko Partecke가 자신이 사랑해 마지않는 대륙검은지빠귀Eurasian blackbird를 대상으로 한 연구일 것이다. 예스코 연구 팀은 대륙검은지빠귀에 딱 맞는 인식표가 어떤 모습이어야 하고 어떻게 부착해야 하는지 수년간 고민해왔다. 연구 결과 예스코는 대륙검은지빠귀에게는 하네스 형태의 인식표를 사용하지 않는 것이 가장 좋다는 사실을 발견했다. 가장 중요한 이유는 이 새들이 이동을 준비하면서 몸무게가 거의 두 배로 증가하기 때문이다. 따라서 대륙검은지빠귀 및 유사한 종의 경우 가장 좋은 시스템은 일종의 신축성 좋은 지스트링 속옷처럼 보이는 이카루스 인식표를 부착하는 것이었다. 대륙검은지빠귀, 그리고 아마도 다리가 길고 땅에서 뛰는 것을 좋아하는 모든 새는 넓적다리에 근육이 많이 붙어 있어 이런 종류의 하네스 인식표에 불편함을 느끼지 않는다. 예스코는 이카루스 인식표와 함께 수백 개의 지스트링을 만들었다. 이 방식을 사용하면 대륙검은지빠귀에 인식표를 부착하는 데 채 1분도 걸리지 않았다.

또 다른 중요한 질문은 인식표가 어떤 식으로든 새의 번식 활동에 영향을 미치지 않을까 하는 것이었다. 인식표를 부착하면 수컷이든 암컷이든 새를 더 매력적으로 보이게 만들까, 아니면—최악의 경우—교미 행위 자체를 방해할까? 익히 알다시피 새가 교미할 때 수컷은 보통 암컷 위에 앉아 자신의 총배설강☆을 암컷의 총배설강에 대고 누른다. 수컷 혹은 암컷의 등에 부착된 인식표가 문제를 일으킬 정도로 둘 중 하나 또는 둘 모두를 성가시게 할까? 다행히도 그런 징후는 발견되지 않았고, 이로써 큰 걱정을 덜어낼 수 있었다.

☆ 어류나 포유류는 거의 가지고 있지 않은 소화기관으로, 소화·배설·생식을 모두 처리한다.

마지막으로 고려해야 할 몇 가지 문제가 있었다. 엉덩이에 인식표를 부착한 대륙검은지빠귀가 GPS 신호를 잘 수신할 수 있을까, 아니면 새의 몸에 걸리적거릴까? 말하자면 인식표가 GPS 신호를 가장 빠르고 정확히 수신할 수 있도록 GPS 안테나를 장착하는 방법은 뭘까? 결과적으로 수신 안테나는 위성이 머리 위를 지나갈 때 신호를 빠르게 포착할 수 있을 만큼 충분히 수평을 이루었다. 이제 가장 중요한 발신 안테나가 얼마나 잘 작동할지 고려해야 했다. 위성에 신호를 전송하는 데 필요한 15센티미터 길이의 안테나가 대륙검은지빠귀의 몸 바깥으로, 심지어 꼬리깃털 바깥으로 약간 튀어나오기 때문에 걱정이 되었다. 안테나가 계속 땅에 부딪히면 데이터 전송에 방해가 될 수 있었다. 다행히 대륙검은지빠귀에 장착된 이카루스 안테나의 성능은 모든 인식표가 국제우주정거장의 수신기로 데이터를 전송할 수 있을 만큼 충분했기 때문에 한시름 내려놓았다.

빌 코크런과 함께 중서부 지역에서 명금류의 이동을 연구한 경험은 조류용 인식표를 개발하는 데 좋은 밑거름이 되었다. 하지만 파나마의 바로콜로라도섬에서 더 커다란 생태계에서 일어나는 종들 간의 상호작용을 연구하기 시작했을 때는 새로운 유형의 인식표와 부착 방법이 필요했다. 특히 그때까지 목줄 형태의 인식표를 사용했던 포유류를 위해서였다. 다시 빌에게 연락할 시간이었다.

"포유류에 맞는 부착 방법은 뭘까요?" 우리가 물었다. "지금까지 우리가 알고 있는 것보다 더 좋은 방법이 있을까요? 대부분의 사람들이 사용하는 목줄보다 더 나은 방법은 없을까요?" 빌이 대답했다. "주디에게 전화해볼게요. 도로 바로 아래쪽에 살고 있는데 한때 열대 포유류 연구원으로 있던 사람과 결혼했어요. 그의 남편과 파나마에서 함께 일했어요. 나무늘보 인식표 같은 거요." 미처 몰랐던 빌의 또 다른 면이었다. 나는 빌이 북아메리카의 조류와 포유류만 연구하는 줄 알았다. 우리는 주디에게 연락을 하고 집으로 찾아갔다. 빌과 주디는 좋은 친구인 것이 분명했다. 주디가 말했다. "다락방에 가서 한번 둘러봐요. 파나마에서 가져온 오래된 상자들이 다 거기 있어요. 아마 흥미로운 것을 찾을 수 있을 거예요." 우리는 다락방으로 올라갔다. 그곳은 말 그대로 보물창고였다! 그중에서도 가장 놀라운 것은 커다란 하네스였다. 8센티미터 너비의 흰색 나일론 소재로 만들어진 이 하네스는 정교하고 섬세하고 거의 예술적으로 꿰매어져 있었다. 어떤 동물에게 쓰였는지는 알 수 없었다. 하마일까? 하지만 파나마에서는 아니다. 아니면 서부 아프리카나 인도네시아의 작은 둥근귀코끼리^{forest elephant}일까? 하지만 역시 파나마에서는 아니었다. 다락방에서 하나를 가지고 내려와 빌과 주디에게 보여줬더니 주디가 웃기 시작했다. "아, 맞아요." 주디가 말했다. "파나마운하에 사는 매너티에게 쓸 하네스 시제품이에요. 매너티가 어떻게 운하 전체를 오가는지, 배와 어떻게 상호작용하는지, 어떻게 선박이 다니는 수문으로 몰래 들어가는지 등을 파악하는 것이 목적이었죠." 첫 번째 테스트는 성공적이었지만 결국 연구가 더는 진행되지 않고 이 놀라운 하네스만 남은 것이다.

파나마에서 사용한 자동무선원격측정시스템에서는 오실롯, 아구티, 긴코너구리, 원숭이 및 기타 육상 종에 전통적 스타일의 무선 목줄을 썼다. 매우 훌륭하고 유용한 장치였지만 여전히 우리가 원했던 것과는 달랐다. 부피가 너무 크고 투박했다. 쉽게 말해 착용하기에 적합하지 않았다. 가장 큰 문제는 새끼에 맞는 크기의 무선 목줄은 동물이 자라면서 너무 꽉 조이고, 성체에 맞는 크기의 무선 목줄은 새끼의 머리에서 흘러내릴 수 있다는 점이었다. 동물이 자라고, 독립하고, 탐험하고, 새로운 영역을 찾는 과정을 추적하고 싶을 때 무선 목줄은 적합하지 않았다.

우리의 삶을 상상해보자. 여기저기 옮겨 다니며 다양한 학교와 직장에서 공부하고 일할 수 있겠지만, 나중에는 아마 대부분의 사람들처럼 한곳에 정착할 것이다. 매일과 계절마다의 활동 반경이 거의 정해져 있다. 아침에 집을 나서 빵집이나 커피숍에 가고, 기차나 자동차, 자전거를 타고 출근해 하루 종일 일하고, 저녁에 헬스장에 갔다가 다시 집으로 돌아가는 식이다. 조깅, 정원 가꾸기 또는 기타 활동을 한 다음에는 집에서 놀거나 자주 가는 식당에서 밥을 먹기도 한다. 생활 주기의 틀이 잡힌 것이다.

사람이든 동물이든, 누구나 자기만의 개인적 역사가 있다. 각기 다른 방식으로 지구를 돌아다니며 다양한 장소에서 다채로운 사건을 경험한다. 이 모든 삶의 경험은 우리에게 영원히 각인되어 있다. 따라서 개별적 경험을 알지 못하면 일상을 제대로 해석할 수 없다. 아울러 더 중요한 것은 환경에 무언가 변화가 생겼을 때 어떻게 반응할지 예측할 수 없다는 것이다. 환경의 변화는 동물의 일상적 삶 어디에나 존재한다. 새로운 포식자가 등장하고, 숲이 벌목

되고, 새로운 숲이 자라난다. 어느 해에는 가뭄이 오고, 다른 해에는 폭우가 내릴 수도 있다. 이렇게 환경이 변화하면 동물들은 약간 다른 지역으로 이동하거나 완전히 다른 곳으로 이동해야 할 수도 있다. 개체가 내리는 결정—머물지, 이동할지, 싸울지, 도망칠지 등—을 예측하려면 개별 동물이 어떤 경험을 해왔는지 알아야 한다. 바로 이것이 우리가 연구하고 있는 동물들을 통해 알고 싶었던 것이다. 야생동물 개체의 의사 결정을 실제로 예측하는 데 진전을 이루려면 성체 동물만을 대상으로 만들어진 기존의 무선 목줄에서 벗어나야 했다.

하지만 포유류의 몸 어디에 인식표를 붙여야 걸리적거리지 않고 평생 살아갈 수 있을까? 팔찌나 발찌는 사람에게는 효과적일 수 있지만 네발 달린 동물에게는 적합하지 않다. 가축을 생각해보니 작고 가벼우며 안테나도 너무 길지 않은 인식표를 부착하기에 좋은 부위는 귀다. 우리가 초원에서 풀을 뜯는 소에게서 종종 볼 수 있는 큰 덮개가 달린 인식표는 제외했다. 인식표 번호는 보통 부착 지점에 매달려 있는 커다란 덮개에 적혀 있다. 하지만 포유류의 귀는 움직임이 너무 잦기 때문에 야생이라면 커다란 덮개가 이리저리 돌다가 결국 귀표의 구멍이 벌어져 인식표 자체가 떨어질 수 있었다. 우리는 인식표를 매달아놓는 대신 귀에 부착하는 핀 바로 위에 설치했다.

귀표는 부착 지점 위에 달아야 하고, 진정한 착용형 기기가 되길 바랐기에 작고 가벼워야만 했다. 버펄로, 얼룩말, 가젤 같은 포유류처럼 동물들은 다양한 방향에서 오는 소리를 듣거나 눈이나 머리 주위에 붙은 파리를 쫓기 위해 끊임없이 귀를 팔랑이기 때문에 무게가 나가는 것을 달면 귀가 버틸 수 없다.

새로운 귀표를 디자인할 때 생각해야 할 또 다른 중요한 특징으로는 태양 전지판을 사용해 에너지를 생성할 수 있도록 표면이 투명해야 한다는 것이었다. 소형 배터리는 한정된 시간에 제한된 양의 데이터만 전송할 수 있는 반면, 태양 전지판을 내장하면 귀표를 거의 영구적으로 사용할 수 있다.

우리가 처음 만든 귀표 시제품은 보통 소에 다는 귀표를 사용했지만, 새로운 전자식 이카루스 인식표는 귀표 핀 위에 붙이거나 묶어서 달랑거리는 귀 덮개 형태가 아니라 진짜 귀걸이처럼 깔끔하게 붙어 있도록 했다. 우리와 이야기를 나눈 대부분의 동료들은 태양광 귀표가 완전히 실패할 것이라고 예상했다. 하지만 모든 것이 문제없이 작동했다. 태양 전지판은 충분한 전력을 공급했고, 특수 안테나는 통신에 문제가 없었다. 귀표를 중앙에 배치한 것이 신의 한 수였다.

1세대 귀표가 너무 잘 작동했기 때문에 포유류의 일상을 방해하지 않고 평생 지속되는 시스템을 개발할 수 있을 것이라고 확신했다. 하지만 늘 그렇듯이 처음 85퍼센트는 쉽고 마지막 15퍼센트는 지루하고 어려운 작업이었다. 수년간 시도한 끝에 귀표를 사용하고자 하는 사람이라면 누구나 자유롭게 쓸 수 있는 완벽한 인식표 시스템을 갖추게 되었다.

말할 것도 없이 해결해야 할 문제가 많았고, 지금도 여전히 많다. 지금은 각 동물 종의 귀에 적합한 위치를 찾아야 하는데, 귀표가 귀 앞쪽에 위치해야 하는지 아니면 귀 뒤쪽에 위치해야 하는지 고민하고 있다. 뒤쪽을 향하면 귀표가 포유류의 억센 뿔이나 딱딱한 두개골에 부딪힐 수 있다. 정면을 향하면 인식표에 있는 태양 전지판이 햇빛을 충분히 받지 못할 수도 있다. 또 앞쪽으로 인식표를 달면 누액淚液을 먹고사는 파리를 쫓기 위해 귀를 팔랑거릴 때마다 인식표가 동물의 눈을 불편하게 할 수도 있다.

인식표는 아직 개발 중이지만 지금까지 이룬 성과만으로도 뿌듯하다. 우리는 동물의 GPS 위치뿐만 아니라 주변의 온도와 습도, 개체의 행동 그리고 같은 종 및 다른 종의 개체와 상호작용하는 것까지 기록하는 전자 인식표를 동물에게 부착하는 새로운 방법을 개발했다. 아마존과 아프리카에서 귀표를 사용해 코뿔소, 기린 등 다양한 멸종위기 포유류 종을 보호할 계획이며, 이를 통해 포유류가 우리에게 자기들의 이야기를 들려줄 수 있는 방법을 찾고자 한다. 여러 야생동물 종을 대상으로 이 시스템을 테스트한 결과는 매우 성공적이었다. 예를 들어 독일의 멧돼지 사례에서는 아프리카돼지열병이 발생한 지 세 시간 만에 이를 감지했다. 사람처럼 동물도 병에 걸리면 움직임이 둔해지는데, 멧돼지 귀의 움직임이 평소보다 느려지면 병에 걸렸을 가능성이 높다는 것을 귀표를 통해 감지할 수 있다. 수 시간 내에 귀의 움직임이 감소하면 멧돼지가 아프리카돼지열병에 감염되었을 가능성이 높다. 가축과 밀접한 관련이 있는 야생동물에서 이러한 질병을 조기에 발견하는 것은 전염성 질병으로부터 가축을 보호하는 데 매우 중요하다.

비슷한 방법으로 들개가 올무에 걸렸을 때도 알 수 있다. 친구이 자 동료인 루이스 반 스칼크위크Louis van Schalkwyk는 멸종 위기에 처한 아프리카들개African wild dog를 보호하기 위해 원격 인식표 기반 활동 보고 시스템을 활용하고 있다. 루이스는 크루거국립공원에서 해마 다 감소하는 아프리카들개의 개체 수를 증가로 전환할 정도로 많 은 들개를 구했다. 얼마나 훌륭한 일인가? 이제 들개들은 전자 인 식표를 통해 도움이 필요한 때를 우리에게 알려줄 수 있으며, 루이 스는 사랑하는 야생동물이 도움을 요청할 때마다 밤낮을 가리지 않고 국립공원으로 달려가 올무를 풀어주고 있다. 때로는 상처가 너무 깊어 생존을 장담할 수 없을 때도 있지만, 루이의 식구들은 다친 개의 회복과 치유를 위해 애쓰고 있다.

안타깝게도 인식표가 동물이 죽었음을 바로—거의 10분 안에 —알려주는 사례도 있다. 인식표가 동물이 미동도 하지 않고 가만 히 있는 것으로 파악하면, 신호를 보내 동물이 생명을 잃었다고 보 고한다. 이는 파나마에서 우리가 열대우림 원격측정 시스템으로 사 용했던 기존의 신호음 발신기 인식표에 비하면 커다란 발전이다. 이 새로운 인식표를 통해 매너티나 아구티는 이제 선박 혹은 오실롯 때문에 스트레스를 받는지, 아니면 엄청난 먹잇감을 발견해서 흥분 한 것인지, 아니면 동족을 바로 눈앞에서 마주해서 들뜬 것인지 알 수 있게 되었다. 불과 20년 사이에 수명이 제한된 배터리 발신기가 달린 목줄은 태양광으로 작동하는 지능형 스마트폰 스타일의 귀표 로 발전해 동물이 평생 착용할 수 있게 되었다. 이 새로운 인식표에 는 동물의 현재 상태를 감지하는 센서가 내장되어 있어 위성을 통해 연구자에게 관련 정보를 전달한다. 필요한 경우 휴대용 수신기를 통해 데이터를 얻을 수도 있지만, 지상에서 동물의 위치를 파악하고 가까이 다가가야 하므로 쉽지 않고 종종 불가능하기도 하다.

이제 동물이 살아 있는 동안 계속 지속되는 전력 공급 장치와 인식표 부착 방법이 마련되었다. 이렇게 착용 가능한 인식표를 안성맞춤으로 제작하고 동물에게 부착하는 방법까지 알아내면, 처음에는 완벽해 보일 수 있다. 하지만 코뿔소의 귀, 박쥐의 등, 새의 다리에 부착하고 몇 달이 지나면 상황이 달라질 수 있다. 태양 전지판 위의 에폭시가 회색으로 변하거나 표면 코팅이 갈라지거나 인식표 덮개가 자외선에 의해 성능이 떨어지거나 새의 등에 닿는 매끈해 보이는 덮개 바닥이 너무 거칠어질 수 있다. 또한 인식표는 시간이 지날수록 방수 성능이 떨어지고, 인식표 안테나는 녹슬 수도 있다. 그 밖에 기타 등등…. 인생에서 마주하는 다른 수많은 상황과 마찬가지로, 인간은 기본적으로 자신이 저지른 실수를 통해서만 배울 수 있기 때문에 단순히 경험을 하거나 발전 속도를 높이는 것만이 능사는 아니다. 실수를 하는 것은 쉽지만 깨달음을 얻는 데는 여전히 시간이 걸린다.

이러한 통상의 학습 과정 말고도 개별 상황에서 정확히 무엇이 잘못되었는지 파악하는 것은 정말 어렵다. 내몽골 지역으로 날아간 새에게서 데이터가 오지 않으면 먼저 새의 위치를 파악한 다음 새를 직접 관찰하거나 다시 포획해야만 무슨 일이 일어났는지 알 수 있다. 그런 다음 인식표의 다른 구성품에 영향을 미치지 않는 방식으로 오류를 수정해야 한다. 비용이 너무 많이 들거나 향후

제조가 불가능할 수 있기 때문에 항상 최적의 해법을 찾을 수는 없다. 인식표는 궁극적으로 대량생산이 가능할 정도로 단순하고 유지 비용이 저렴해야 세계 곳곳에 사는 수십만 마리의 조류, 동물, 곤충으로 원격측정 대상을 확장할 수 있다.

야생동물용 인식표를 제작하기까지의 여정에 담긴 어려움에 관한 이 대략적인 이야기는 여러 면에서 알려지지 않은 영웅들의 이야기다. 세계 곳곳에 이러한 시스템을 구축하고 운영하기 위해 매진하는 수많은 연구 팀이 있다. 일반인과 생물학 및 생태학 분야의 동료들이 보기에는 세계 곳곳의 연구자들이 모인 우리 집단이 이러한 설계를 뚝딱 내놓은 것처럼 보일 수 있겠지만, 마침내 우리가 원하는 방식으로 작동하는 시제품을 내놓기까지 모두가 수년 동안 시스템을 테스트했고 그 과정에서 수많은 고통스럽고 실망스러운 실패를 경험했다.

검은등제비갈매기

16

모든 시스템이
작동하거나
작동하지 않거나

국제우주정거장에 안테나가 설치되면서 마침내 가동 준비가 끝났고, 범지구적 연구를 시작할 수 있게 되었다. 우리는 동물을 하찮게 보거나 착취하는 대신, 이 놀라운 지구에 함께 사는 동반자이자 생명의 보호자로 여기는 시대로 나아가는 데 보탬이 되고자 이카루스 프로젝트를 기획했다. 우리가 인식표를 제공하면 사람들이 직접 자기들만의 프로젝트를 설계할 수 있었다. "프로젝트를 준비하고 허가가 떨어지면 활용할 수 있는 이카루스 인식표를 보내드리겠습니다." 우리는 이렇게 말하며 기다리고 있었다. 거의 20년 동안 대규모 팀과 함께 이 목표를 향해 노력해왔기 때문에 좋은 결과는 말 그대로 우리에게 엄청난 의미가 있을 것이다. 통신 체계가 우리가 의도한 대로 작동한다면, 그야말로 눈 깜짝할 사이에 스푸트니크에서 범지구적 동물 인터넷으로 도약했다고 말할 수 있게 된다.

하지만 먼저 우리는 2018년 9월부터 2019년 2월까지 시스템을 테스트하고 최적화하는 시간을 가졌다. 컴퓨터와 안테나를 국제우주정거장에 보낸 뒤 첫 번째 단계는 컴퓨터로 생성한 인식표 메시지를 지상에 있는 크고 강력한 안테나를 통해 우주로 전송해 지상과 우주 간의 통신을 테스트하는 것이었다. 그런 다음 동물에 부착한 소형 이카루스 인식표를 켜고 이카루스 채널을 통해 국제우주정거장의 안테나로 데이터를 전송할 준비를 했다.

인식표 스위치를 켰을 때 해결해야 할 질문이 너무 많았다. 과연 인식표가 언제 데이터를 국제우주정거장의 컴퓨터로 전송할지 알 수 있을까? 이를 위해서는 국제우주정거장이 정확히 특정 초에 도착하는 신호를 내려보내야 했다. 그러면 1.5초 안에 인식표가 응답하고 데이터를 전송해야 한다. 하지만 대략 400킬로미터 정도의 고도에서는 도플러 효과☆가 파장에 영향을 미치기 때문에 데이터 해독에 난항이 생길 수 있었다. 과연 이카루스 인식표가 단시간에

☆ 전파의 발생지와 수신지가 다가오거나 멀어짐에 따라 수신 주파수가 높아지거나 낮아지는 현상을 말한다. 데이터 해독을 위해서는 이 오차를 보정해야 한다.

전파의 주파수 변화를 모두 처리할 수 있을까? 지상에서 두 가지를 모두 시뮬레이션할 수는 있지만 인식표의 응답을 실제로 테스트할 수는 없다. 지상이나 대기권에서는 그 누구도 초속 7킬로미터로 움직일 수 없었다. 시스템을 실행하고 스위치를 켜고 모든 계산이 정확하기를 바라는 것밖에 도리가 없었다.

9월 중순, 러시아는 우리에게 아무런 통보도 없이 이카루스 시스템의 내장형 컴퓨터를 작동시키기로 결정했다. 나중에 받은 기록을 보니 컴퓨터가 부팅되고 잠시 후 컴퓨터가 멈췄음을 알 수 있었다. 무엇이 잘못되었을까? 기술자들은 팬에 충분한 전기가 공급되지 않거나 팬이 파손되었는지를 테스트하는 방법을 궁리했다. 큰 문제가 아니길 바라며 탑재 컴퓨터 수리 일정을 잡았다. 러시아가 우주비행사들에게 허락한 시간은 1시간이었다. 비행사들은 내장 컴퓨터를 꺼내 온오프 스위치를 만지작거리며 팬 중 하나를 뽑고, 다시 시도했다. 여전히 작동하지 않았다. 고장 난 컴퓨터는 내리고 교체용 컴퓨터를 올려야 하는 상황이었다. 안테나는 하나밖에 없었지만, 다행히도 내장형 컴퓨터는 두 대가 있었다.

내장형 컴퓨터가 소유즈 캡슐에 실려 내려오는 동안 우리는 지상에 있는 컴퓨터를 발사하기 위해 준비했다. 캡슐에 실려 내려온 컴퓨터는 카자흐스탄 어딘가에 착륙한 후 바이코누르로 옮겨졌고 모스크바로 날아가 그곳에서 점검을 받았다. 아무런 문제가 발견되지 않았다. 이후 전력 공급을 담당하는 상트페테르부르크의 러시아 회사로 보내졌다. 확인해보니 1.5센트짜리 콘덴서가 우주 방사선으로 인해 파손되어 있었다. 교체용 컴퓨터에 테스트를 거친

새 콘덴서를 장착하면 국제우주정거장에서 동일한 전원공급 장치를 안전하게 사용할 수 있었기 때문에 썩 나쁘지만은 않았다. 러시아에서 이런 일이 벌어졌다는 게 아주 납득이 가지는 않았지만 설명을 받아들이고 넘어갔다.

교체용 컴퓨터는 모스크바로 가져가 테스트를 거친 다음 바이코누르로 날아가서 다시 테스트를 거친 후 발사되었다. 우주비행사들이 교체하고 연결했더니 잘 작동했다. 2018년 12월 6일이었다. 드디어 이카루스 프로젝트를 시작할 수 있겠다고 생각했다. 하지만 러시아는 그전에 이카루스 기술 팀으로부터 시스템 작동 방식에 대한 코드와 청사진까지 모든 세부 사항을 알아야 한다고 말했다. 이카루스 시스템을 파악해 자기들만의 시스템을 구축하려는 꿍꿍이가 있는 게 분명했다.

이 모든 정보를 넘겨줘야 할까? 얼마만큼 정보를 넘기는 것이 합리적일까? 정보를 공개하면 세계 곳곳의 다른 기관들이 우리 시스템을 보완하고 확장하기 위해 자기들만의 이카루스 시스템을 발사할 가능성이 있기 때문에 결국 우리는 이동통신 글로벌 시스템Global System for Mobile Communications, GSM이나 휴대전화 시스템과 마찬가지로 이카루스를 공개하려고 했다. 기술 팀 내부에서 반발이 있었다. 기술자 두 명은 어떤 정보도 공유하길 원치 않았고, 내부 독점 정보를 가지고 나가버렸다. 이를 복구하는 데 몇 달이 걸렸다. 끊임없이 새로운 요구 사항을 내거는 러시아를 상대해야 했을 뿐만 아니라 내부의 혼란과 반대 의견도 처리해야 했다. 약자라고 느끼는 사람들은 종종 외부 세력으로부터 자신을 보호하기 위해 정보를 독점하고 통제하려고 든다. 이런 것을 생각하면 타인의 발전을 돕는 것이 평화를 유지하는 가장 놀라운 방법이 될 수 있다. 결국 내부 문제는 해결되었다. 두 명의 문제 기술자는 떠났고, 우리는 러시아 측에 시스템의 원리를 파악할 수 있는 충분한 정보를 제공했다. 제공한 정보 대부분은 과학 논문에 발표했기 때문에 어차피 공개된 정보였다.

시간이 흐르면서 모든 우여곡절이 해소되었다. 결국 2020년 3월 20일, 전 세계적인 코로나19 팬데믹이 발생한 시기와 거의 비슷한 때 이카루스가 가동되었다. 아이러니가 아닐 수 없었다. 마침내 전 세계와 협력할 수 있는 단계에 이르렀지만, 세계가 봉쇄되는 바람에 함께 일할 수 없었다. 우리 연구 팀은—봉쇄로 인해 전 세계의 인간 활동이 멈춘—인류 일시 정지anthropause를 이용해 인간 활동이 지구 곳곳의 야생동물에 미치는 영향을 정량화하기 위한 자연 실험을 반복적으로 실시했다. 이 실험으로 무엇보다 인간 활동이 동물의 활동 시간대에 영향을 미친다는 사실을 알게 되었다. 예를 들어, 사슴이나 여우 같은 많은 동물은 주로 밤에 활동하지만, 사람의 활동이 뜸해진 뒤로는 낮에도 돌아다니기 시작했다. 인간의 활동은 동물의 공간 사용 방식에도 변화를 주었다. 인간의 영향이 큰 지역에서는 동물의 움직임이 더 제한되는데, 이는 아마도 인간의 활동이 동물에게 가하는 물리적 제약으로 인해 개별 동물의 행동이 변화하기 때문일 것이다.

국제우주정거장이 지구 주위를 계속 도는 동안 우주비행사들은 평소처럼 일했고, 이카루스 안테나는 순항하고 있었다. 안테나는 우리가 사용 중인 주파수 대역에서 지구를 스캔해 배경 전파 잡음을 찾아냈고, 지상에서 국제우주정거장으로 데이터를 전송할 수 있었다. 고약한 기술자가 우리에게 공개하고 싶지 않은 정보를 들고 나가버린 탓에 모든 이카루스 인식표의 소프트웨어와 펌웨어를 다시 프로그래밍해야 한 것만 제외하고는 모든 것이 순조롭게 돌아갔다. 사람들이 그토록 이기적일 수 있다는 사실이 너무나도 실망스러웠다. 그렇다고 희망까지 저버려서는 안 될 것이다.

팬데믹이 한창일 때 우리는 첫 번째 프로젝트를 준비했다. 대륙검은지빠귀를 대상으로 새들이 고향을 떠나는 이유와 일부 대륙검은지빠귀가 이런 경향을 거스르는 이유를 알아보는 것이었다. 우리는 인식표의 무게를 새 체중의 3퍼센트 이하로 줄이고자 했다. 따라서 이 프로젝트에서는 인식표의 무게를 더 줄여야 했다. 러시아의 대륙검은지빠귀는 5그램짜리 인식표를 무난하게 달고 다닐 수 있었지만, 스페인의 대륙검은지빠귀는 그보다 더 작았다. 여기서 또다시 난관에 부딪혔다. 인식표의 무게를 줄이는 작업 막판에 공학적 설계 변경을 해야 했다.

새가 착용하는 하네스는 인식표 양쪽에 있는 작은 고무 튜브를 통해 전력을 공급했는데, 무게를 줄이는 과정에서 누군가가 테플론이 튜브에 더 적합한 소재라고 판단한 것이다. 큰 문제는 아니었지만 인식표의 덮개가 테플론 튜브에 단단히 접착되지 않아 인식표에 물이 새는 문제가 발생했다. 연구소 옥상에서 인식표를 테스트할 때는 이 문제를 발견하지 못했지만, 나중에 새에 인식표를 부착하고 보니 누수가 발생했다. 우리가 만든 조류 인식표는 작동을 멈추기 전에 몇 가지 데이터 포인트밖에 주지 못하는 신세였다. 언젠가 미국항공우주국에서 한 기술 팀은 인치 단위로, 다른 팀은 센티미터 단위로 계산해 우주선을 만든 적이 있다. 이 우주선은 화성 궤도를 돌 계획이었지만 사라져버리고 말았다. 우리도 미국항공우주국 팀이 자신들의 실패에 대해 느꼈을 충격만큼이나 커다란 충격을 받았다.

우리 팀은 다시 뭉쳐서 작업을 계속했다. 우리가 만든 좀 더 큰 5그램짜리 인식표는 대체로 잘 작동했고, 더 작은 대륙검은지빠귀에게 쓸 인식표의 소소한 기계적 문제를 보완했다. 그 밖에도 여러 종의 동물에서 이카루스가 동물의 대규모 및 소규모 이동을 추적하는 데 탁월한 시스템임을 입증했지만, 여전히 몇 가지는 거듭 고생하며 터득해가야 했다.

우리는 코뿔소와 같은 아프리카의 대형 동물들을 대상으로 처음 만든 이카루스 귀표를 테스트했다. 길고 가느다란 안테나는 믿을 수 없을 정도로 유연하고 가벼워서 풀 줄기보다 덜 거슬릴 것이라고 생각했지만, 보아하니 코뿔소의 귀를 간지럽히고 있었다. 또한 코뿔소는 귀를 털어서 최대 8g(중력가속도)의 힘을 만들어낼 수 있다는 믿기 힘든 사실도 알게 되었다. 이 가속도로 인해 기다란 안테나는 채찍으로 돌변한다. 설사 잘 부러지지 않는 소재라도 이렇게 앞뒤로 너무 자주 휘두르면 부러지고 만다.

아울러 귀표 가장자리에 진흙이 달라붙기 때문에 코뿔소 귀표의 디자인이 썩 좋지는 않다는 사실도 알게 되었다. 그뿐만 아니라 코뿔소가 진흙 목욕을 하는 방식이 놀라울 정도로 복잡하다는 사실도 다시 한번 곡절 끝에 배웠다. 코뿔소는 지구상에서 가장 고도로 진화한 기생충 중 하나인 진드기를 단단한 피부에서 떼어내기 위해 진흙 목욕을 한다. 귀표가 달린 코뿔소가 진흙 목욕을 하면 휩안테나 밑부분 주위로 마른 진흙이 들러붙는데 이 밑부분이 100퍼센트 튼튼하고 안정적이지 않으면 안테나가 진드기의 목처럼 꺾여버린다. 믿을 수 없는 일이었지만 자연이 주는 또 다른 교훈이 거기 있었다. 지상에서 우주로 통신하는 시스템을 설계하는 것만으로는 충분하지 않았다. 코뿔소와 함께 진흙탕을 뒹굴어도 견딜 수 있는 하드웨어도 설계해야 했다.

이 모든 문제에서 엄청난 진전을 이루고 있는 와중에 국제우주정거장에서 또다시 기계적 문제가 발생했다. 2020년 12월부터 2021년 3월 사이에 러시아 우주인의 생명유지장치☆에 큰 문제가 발생해 필수 시스템을 제외한 모든 시스템이 중단되었다. 결국 상황은 해결되었지만, 그동안 우리 인식표는 매일 국제우주정거장으로부터 오는 신호를 탐색하고 있었다. 며칠 동안 국제우주정거장에서 신호를 받지 못하면 계속 신호를 탐색하도록 프로그램을 심어놓았기 때문이다. 우리의 목표는 인식표가 우리와 항상 끊임없이 통신하는 것이었다.

전력 공급 중단으로 인해 이카루스 시스템이 완전히 중단되자 인식표는 (신호를 계속 반복해 탐색하는) 무한 탐색 루프에 들어갔고

☆ 우주복에 산소 공급, 온도, 압력, 습도, 이산화탄소와 소변 등을 처리를 하는 장치다.

결국 모든 에너지를 소모했으며, 경우에 따라 배터리가 손상되기도 했다. 이것은 태평양, 인도양, 대서양에서 이루어진 검은등제비갈 매기sooty tern 연구를 비롯한 많은 연구에서 중요한 문제였다. 아프리카 남부의 앙골라를 떠나 번식지인 러시아 최북동부인 캄차카반도로 향하는 뻐꾸기들에게도 문제가 되었다. 이러한 무한 루프를 피하기 위해 우리는 문제가 발생할 것을 예상하고 통신이 끊겼을 때 끊임없이 탐색하게 하는 대신, 며칠에 한 번씩만 국제우주정거장의 올바른 궤도 매개변수parameter☆를 탐색하도록 인식표를 다시 프로그래밍했지만, 안타깝게도 이미 동물에게 장착된 인식표는 다시 프로그래밍할 수 없었다.

가동을 시작한 지 1년이 지난 2021년 3월 21일, 마침내 이카루스 시스템이 정상적으로 돌아가기 시작했다. 우리는 세계 곳곳에 있는 동료들과 연결되었고, 모든 종류의 동물에 인식표를 달았다. 이 책의 부록에 당시 우리가 진행한 여러 프로젝트를 개략적으로 설명해놓았다. 우리는 이것이 진정한 범지구적 관찰 시스템의 시작이라고 생각했다. 2021년 4월, 전 세계적인 봉쇄 조치가 이어지는 와중에도 우리는 갖은 노력을 다해 남아프리카, 세이셸, 쿠바, 헝가리, 시칠리아 등 전 세계를 돌아다니며 다양한 종의 동물에 인식표를 붙였다. 또한 전 세계에 있는 많은 공동 연구자, 특히 러시아의

☆ 특정 궤도를 따라 이동하는 국제우주정거장의 위치와 움직임을 정의하는 데 사용되는 변수로, 반장축, 이심률, 경사각, 승교점 경도 등이 있다.

공동 연구자들에게도 인식표를 보냈다.

4월 21일부터 놀라운 데이터가 들어오기 시작했다. 매일 컴퓨터 앞에 앉아 쏟아져 들어오는 데이터를 지켜보았다. 비둘기조롱이red-footed falcon는 앙골라에서 헝가리로 돌아가고 있었고, 캐나다흑꼬리도요hudsonian godwit는 칠레에서 갈라파고스와 과테말라를 거쳐 텍사스로 쉬지 않고 날아가고 있었으며, 텃새로 알려진 아프리카뻐꾸기African Cuckoo인 검은코칼black coucal은 탄자니아 남부에서 콩고민주공화국 북부까지 1000킬로미터 이상을 이동하고 있었고, 벙어리뻐꾸기는 러시아 동부의 사할린섬에서 일본을 거쳐 파푸아뉴기니의 월동지로 이동 중이었다. 하지만 우리가 생각했던 것보다 더 많은 장애가 발생했다. 국제우주정거장으로 무언가가 배달될 때마다, 선내에 어떤 사소한 문제가 생길 때마다, 시스템을 내려야 했다. 그럼에도 우리는 황홀한 데이터가 속속 들어온다는 것에 만족했다.

하지만 기쁨도 잠시, 재앙의 먹구름이 몰려오고 있었다. 수년 동안 모스크바의 러시아연방우주공사 격납고에서 잠자고 있던 러시아의 나우카Nauka 모듈이 곧 국제우주정거장으로 발사될 예정이었기 때문이다. 이런 일이 절대 일어나지 않을 것이라고 생각했는데 완전히 오산이었다. 우리가 나우카 모듈을 안 것은 2012년이었다. 나우카 모듈은 자체 엔진을 가지고 있었기 때문에 원칙적으로 국제우주정거장에 연결되면 다른 모듈을 분리하고 새로운 우주정거장을 구축할 수 있었다. 나우카는 많은 문제를 안고 있었다. 2014년에 이카루스 안테나를 나우카 외부에 고정하기로 했으나 당시 나우카는 지상에서 전면적인 점검을 받아야 했다. 우리는 안테나를 국제우주정거장에 직접 연결하게 되어 내심 기뻤다. 기술 팀과 점검을 위해 러시아를 방문했을 때마다 나우카는 바닥에 누워 있었다. 우리는 가끔 유럽우주기구 소속 기술자들과 마주쳤는데, 이들은 아무것도 하지 않고 누워 있는 나우카에 연결된 유럽산 로봇 팔이 원활히 작동하도록 로봇 팔을 움직여주기 위해 8년 동안 6주마다 한 번씩 그곳에 들렀다.

2021년 8월 21일, 마침내 나우카는 거대한 로켓의 상단에 탑재되어 국제우주정거장으로 올려졌다. 우리는 안테나 옆에 자리할 거대한 나우카 모듈이 이카루스의 통신 시스템을 방해하지 않도록 기술 시스템과 통신 방식을 준비했다. 아니, 방해하지 않기를 바랐다. 하지만 모듈이 도킹되기 전까지는 확실히 알 수 없었다. 전파와 관련된 작업을 할 때의 문제는 전파가 어디로 튈지 모른다는 것이다. 상황이 변하면 어떤 일이 일어날지 짐작할 수는 있지만 모든 변수에 대해 시뮬레이션하고 테스트할 수는 없다.

나우카가 도착했고, 이카루스는 여전히 잘 작동했다. 정말 끝내줬다. 하지만 그것도 잠시! 이카루스 안테나에서 온 데이터를 보니 센서가 오작동했거나 누군가 케이블을 바꾼 것 같았다. 센서가 보내오는 정보는 국제우주정거장이 이제 뒤쪽으로 움직이고 있다는 것 말고는 달리 해석할 길이 없었다. 말도 안 되는 상황이었다. 하지만 사실로 밝혀졌다. 러시아는 누구에게도, 우리에게도 말하지 않고 국제우주정거장을 180도 돌렸다. 그리고는 그 뒤로 몇 주 동안 계속해서 이런 일을 여러 번 반복했다. 문제는 국제우주정거장이 회전할 때 우리 안테나가 함께 회전해 이카루스 인식표의 신호를 수신할 수 없다는 것이었다.

　러시아 측의 힘겨루기인지, 시스템 고장 때문에 생긴 일인지, 누군가 재미로 하는 장난인지, 아니면 다른 이유가 있는 것인지 분명하지 않았다. 결국 국제우주정거장은 안정되었고, 그제야 세로축이 다른 각도로 설정되었다. 여기부터는 쉽게 해결할 수 있었지만, 러시아가 정확한 매개변수를 보내주지 않아 우주에서 수신기를 조정할 수 없었다. 인식표가 국제우주정거장과 통신할 수 있는 시간은 1.5초에 불과했다. 이 짧은 시간 동안 인식표가 수신에 성공하려면 우리가 국제우주정거장이 인식표 바로 위에 있는 시간을 지정해 수신 창이 열리는 시각을 정확히 알 수 있도록 해야 한다. 수신 창이 열리면 인식표가 바로 그 시간에 정보를 전송할 수 있다. 국제우주정거장 내부의 컴퓨터는 인식표의 정보를 기다렸다가 수신하도록 프로그램으로 지정한 정보를 판독한다.

　그리 어려운 문제는 아니었지만, 러시아는 다른 일에 빠져서 우리 시스템은 꿔다놓은 보릿자루 신세인 듯했다. 바로 영화였다. 러시아는 최초로 국제우주정거장 관련 영화를 만들겠다고 나섰다. 그들에게는 여러모로 중요했을지 모르지만, 우리에게는 재앙이었다. 이들이 큐폴라^{cupola}로 알려진 국제우주정거장의 전망대에서 지구를 완벽하게 볼 수 있도록 국제우주정거장의 위치를 잡는 데 많은 시간을 허비했기 때문이었다. 영화 작업이 끝나고 나서도 수신 창은 우리가 인식표에 알려준 것과는 여전히 달랐다. 아아! 우리는 진부한 B급 영화가 흔적도 없이 사라져버리기를 진심으로 바랐다.

　2021년 10월 21일, 범지구 관측 시스템이 가동된 지 7개월이 지난 시점이었다. 러시아로부터 계속 통신할 수 있도록 인식표에 전송되는 정보를 변경해도 된다는 확인을 받지 못했기 때문에 인식표는 국제우주정거장을 탐색하느라 안간힘을 쓰며 귀중한 전력을 낭비하고 있었다. 러시아는 어떻게 이 중요한 사실을 이해하지 못하는 것일까? 인식표가 정보를 전달하려면 국제우주정거장과 인식표 간의 통신에 사용하는 안테나를 미세 조정해야 한다는 것을 이해하는 게 뭐가 그리 어려웠을까? 러시아가 무슨 생각을 하는지 도통 알 수 없었다. 인식표에 대한 정보—설계, 제작, 프로그래밍 등—를 더 얻어내기 위한 또 다른 계략이거나 아니면 시스템을 거의 쓸모없을 때까지 고의적으로 훼손해서라도 전달하려는 다른 속셈이 있는지도 몰랐다.

　팬데믹으로 봉쇄된 상태였기 때문에 러시아로 무작정 날아갈 수도 없었다. 우리는 가능한 모든 채널을 동원해 인식표에 국제정거장의 X축과 Y축을 알려주는 몇 가지 소프트웨어 매개변수를 변경하려고 갖은 노력을 했다. 바로 그때 러시아연방우주공사는 이 작업을 수행하려면 이런저런 사람들 모두가 서명한 또 다른 계약서가 필요하다고 말했다. 우리는 우리 쪽에서 모든 서명을 받아 문서를 우편으로 보냈다. 2021년 12월 연말 전에 모든 것이 해결되기를 바랐지만, 물론 아무것도 해결되지 않았다. 이후 2022년 1월 말까지 러시아 정교회 연휴가 이어졌다. 결국 2022년 2월 말이 되도록 마지막 서명 하나를 채우지 못하고 말았다.

깃털과 바다이구아나

17

동물을 돕거나
함께 놀거나

우리는 동물의 세계에 관해, 그리고 동물로부터 많은 것을 배우고 이해하고자 했다. 황새 한지의 이야기는 자연에서 동물들이 전과는 다른 행동을 하는 한 가지 방법, 즉 순수한 필요에 의해 의외의 행동을 한다는 것을 보여주는 놀라운 사례다. 가여운 한지는 먹이를 구하기 위해 인간이 있는 농장 주변으로 다가갈 만큼 절박했을 것이다. 아마도 음식 냄새를 맡고 다가갔다가 운 좋게 쫓겨나지 않은 것일 수도 있다. 자세한 내막은 알 수 없지만, 11월 바이에른 북부 한복판 목초지에 황새의 먹이가 충분치 않다는 것만은 확실하다. 그냥 아무것도 없다. 따라서 설치류나 곤충을 먹는 다른 새들은 대부분 떠나고 없었다. 한지만 빼고. 녀석은 생존할 수 있는 또 다른 방법을 찾아낸 것이다. 하지만 동물의 혁신은 정반대의 상황, 즉 자원이 매우 풍부하고 먹이가 저절로 입으로 들어오는 상황에서도 일어난다. 이런 상황이 벌어질 수 있다는 것을 깨닫게 된 두 가지 사례가 있다.

그중 하나는 갈라파고스제도에 있을 때 겪었다. 몇 년에 걸쳐 나는 갈라파고스섬에서 바다이구아나의 행동을 도합 36개월 정도 관찰했다. 어느 해 엘니뇨가 닥쳤다. 이구아나의 먹이가 모두 사라졌고, 한 개체군에서 최대 90퍼센트가 굶어 죽었다. 바다 상층의 물이 너무 뜨거워지는 바람에 조간대*의 해조류 성장에 필요한 영양분이 부족해졌기 때문이다. 조수가 물러갈 때 해조류를 뜯어먹는 이 채식주의 파충류는 파멸할 수밖에 없었다. 하지만 1년이 지나자 개체군 구조가 완전히 바뀌었다. 바다 깊은 곳에서 차가운 바닷물이 다시 위로 올라오면서 영양분이 풍부해졌고, 살아남은 이구아나들이 마음껏 풀을 뜯을 수 있을 만큼 해조류가 자랐다. 바다이구아나에게는 호시절이었다. 따듯한 수온, 비가 내리지 않는 날씨, 종일 내리쬐는 햇볕 등 바다이구아나가 원하는 모든 조건이 갖춰진 덕분에 이구아나는 조간대로 달려가 좋아하는 먹이를 마음껏 먹을 수 있었다.

엘니뇨가 지나간 뒤 회복기에 처음 본 것은 믿을 수 없는 광경이

☆ 만조 때의 해안선과 간조 때의 해안선 사이의 지대다.

었다. 비늘로 덮인 이 냉혈 생명체들이 놀이를 시작한 것이다. 한 수컷 아성체 이구아나가 서식지 한가운데 바위 위에 서 있던 푸른 발얼가니새의 깃털을 낚아챘을 때가 압권이었다. 새의 꼬리깃털 중 하나가 매달려 있었는데, 지나가던 어린 이구아나가 관심을 보였다. 녀석은 깃털을 집어 들고 도망치더니 바위 위에 내려놓고 주위를 둘러보았다. 곧바로 다른 아성체 이구아나가 달려와 깃털을 낚아채서 달아났지만 이번에도 멀리 가지는 않았다. 한 2미터 정도였다. 그러더니 깃털을 내려놓고는 첫 번째 이구아나를 바라보았다. 첫 번째 이구아나가 달려가서 깃털을 가져가려고 했지만, 두 번째 이구아나는 녀석이 도착하기 직전에 깃털을 집어 들고 돌아서서 몇 미터 더 달아나 첫 번째 이구아나를 바라보며 다시 깃털을 떨어뜨렸다. 순간 두 번째 이구아나 뒤에 있던 세 번째 이구아나가 달려와 깃털을 집어 들고 조금 가더니 다시 앉았다. 그러자 첫 번째 이구아나가 세 번째 이구아나에게 달려가 깃털을 집어 들고는 냅다 달아났다. 녀석들은 그렇게 10분 정도 옥신각신했다.

대부분의 사람들과 동료들이 진지하게 받아들이기 힘든 일이라는 것을 알기에 이렇게 처음으로 이구아나의 행동을 설명했다. 하지만 실제로 일어난 일이다. 동물의 놀이를 놓고 여러 가지 정의가 있지만 내 생각은 이렇다. 동물이 노는 모습을 볼 때 나는 그것을 '놀이'라고 부른다. 인간의 놀이가 재미있고, 동물도 놀이를 하면서 재미있어 한다는 것을 나도 느끼기 때문에 나는 동물의 놀이를 볼 때 그것이 놀이임을 안다. 동물도 (노는) 인간과 같은 동기에서 논다. 그리고 동물들이 하는 행동이 재미있다는 것 말고 다른 명백한 이유가 없다면 그것은 분명 놀이다.

지금 나는 삶이 풍요로울 때 동물들이 보이는 예상치 못한 놀이와 혁신적인 행동에 대해 이야기하는 것이다. 대체로 어린 동물은 어린아이와 마찬가지로 경주와 술래잡기를 좋아한다. 개인과 개체군에 분명히 중요한 삶의 특징 중 하나는 잉여 에너지가 있을 때 탐험하고 혁신하며 단순한 생존을 넘어서 더 많은 것들을 할 수 있다는 점이다.

다른 사례는 북극 지역에서 명금류의 내분비학을 연구하는 한 동료가 겪은 일이다. 대부분의 사람들에게는 이상하게 들릴 것이다. 새의 호르몬을 연구하는 것도 의문스러운데 한술 더 떠 연구를 위해 알래스카 북쪽으로 간다고? 다 그럴 만한 이유가 있다. 우리는 인간의 호르몬 구성이 어떻게 진화했는지, 왜 우리 몸에 테스토스테론이 존재하고 나오는지, 이 호르몬이 코르티코스테로이드 스트레스 호르몬 및 기타 스테로이드 호르몬과 어떻게 경쟁하는지 이해해야 한다. 이것이 바로 생물학자들이 하는 일이다. 생물학자들은 인간 생물학을 이해하기 위해 자연 환경에서 야생동물의 행동과 생리에 관심을 갖고 연구한다. 자연에서 배우려 노력한다는 점에서 생물학자들은 인식표를 달아 동물을 추적하는 행동과학자들과 다를 바 없다. 생물학자의 연구는 왜 호르몬이 가끔 우리를 속이는지를 이해하는 데 도움이 된다. 사춘기 자녀를 둔 경험이 있는 사람이라면 지금 하는 이야기가 무슨 말인지 잘 알 것이다. 호르몬의 영향력을 과소평가해서는 안 된다.

친구가 북극에 있던 해는 여느 해와 달랐다. 조건은 완벽했다. 낮은 툰드라 초목 곳곳에 명금류들이 둥지를 틀고 있었다. 명금류가 몸을 숨기기에는 좋지 않은 곳이었다. 바람도 많이 불지 않아서 냄새를 숨길 수도 없었다. 평소 생존하느라 힘든 시간을 보내던 북극여우들에겐 호시절이었다. 조금만 가도 명금류의 알이나 새끼를 잡아먹을 수 있는 둥지를 찾을 수 있었다. 여우들에겐 천국이었다.

친구는 아직 여우가 헤집지 않은 둥지를 자세히 관찰해야 했다. 예전 같으면 사람을 두려워하고 멀리 떨어져 있던 여우들이 이제는 항상 친구를 지켜보고 있었다. 이 이야기를 계속하기 전에 여러분이 알아야 할 중요한 사실이 있다. 생물학자들은 사람이 물체를 가리킬 때 훈련된 개만 그 의미를 이해한다고 주장했다. 예를 들어 사냥꾼이 꾸준히 한 방향을 바라보며 손가락으로 가리키면 개는 가리키는 쪽에 흥미로운 일이 벌어지고 있다는 것을 이해하고 사냥꾼이 쏜 새를 찾기 위해 달려간다. 어쨌든 이는 사람들이 익히 잘 알고 있는 사실이긴 하지만 우리가 배운 것처럼 널리 알려진 사실이 전부는 아니다.

친구가 보기에 북극여우들은 훈련받은 개만이 '가리키기'의 의미를 이해할 수 있다는 사실을 모르는 것이 분명했다. 둥지를 관찰하기 위해 갈 때 친구는 여우들에게 혼란을 주기 위해 곧바로 가지 않고 멀리 돌아서 갔다. 친구가 새를 관찰하고 있다는 사실을 여우가 금방 알아챘기 때문이다. 친구가 쌍안경으로 보고 있으면 여우들도 그 방향을 지켜보았다. 이에 맞서 친구는 여우를 속이기 위해 툰드라를 사방으로 꼼꼼히 살폈다. 친구가 한 방향만 오래 바라보면 여우들은 그 방향으로 달려가 둥지를 찾아 새끼를 잡아먹었다.

우리 집 고양이도 마찬가지다. 집고양이는 특별히 훈련된 개만 할 수 있다는 화려한 가리키기 행동과는 아무 상관이 없다. 사람이 특정 방향을 가리키면 고양이는 가리키는 곳이 아니라 사람을 바라본다고 한다. 많은 사람들은 이것이 바로 인간과 훈련된 개가 서로 완벽하게 이해할 수 있음을 나타내며 개-인간 관계의 우월성을 보여주는 것이라고 주장한다. 개는 손가락 끝을 곧이곧대로 보는 것이 아니라 가리키는 손가락에서 시선을 돌려야 한다는 것을 이해한다. 그리고 손가락을 향해 올 것이 아니라 사람에게서 멀어져야 한다는 것을 알고 있다. 하지만 우리 고양이는 어떤 개보다 손가락 가리키기를 잘 이해하는 것 같다. 우리 고양이는 식구들이 낡은 욕조에 고양이와 기니피그를 함께 넣는 그런 집에서 자랐다. 고양이는 욕조에서 기니피그와 먹이를 놓고 티격태격하며 자랐다. 새끼였을 때 우리 가족이 구조해 이후 가족의 사랑스러운 일원이 되었지만 식탐만큼은 포기한 적이 없다. 녀석은 가리키기의 의미를 정확히 알고 있다. 그래서 나는 먹을 것을 숨겨놓고 그 방향을 가리키곤 했다. 처음에는 고양이가 나만 쳐다보며 야옹야옹했다. 하지만 몇 번 보여주면서 "내가 가리키는 곳으로 가야지, 내가 있는 곳으로 오면 안 돼."라고 말했더니 녀석이 알아차렸다. 이제는 먹을 것을 숨기고 그곳을 가리키면 루나는 어디로 가야 하는지 정확히 안다. 동기가 충분히 부여되면 동물이 하지 못하는 일은 별로 없을 것이고, 가끔은 누가 누구를 훈련시키는지 알 수 없을 때가 있다.

어느 날 아침 북극에 있던 친구는 명금류를 관찰하러 다시 나섰다. 여우를 따돌리기 위해 길을 빙 돌아서 가다가 자리를 잡고 부모 새들이 주변을 날아다니며 이웃 새들과 교류하는 모습을 관찰했다. 관찰을 시작한 지 한두 시간쯤 지났을 무렵, 곁눈질로 흘끗 보니 북극여우 한 마리가 다가오고 있었다. 여우는 20미터 정도 떨어진 곳에서 멈추더니 그 자리에 앉았다. 이후 여우가 한 행동은 친구를 깜짝 놀라게 했다. 여우가 덤불에 떨어져 있는 작은 나뭇가지를 입에 문 것이다. 길이가 15센티미터 정도 되는 나뭇가지는 여우가 입에 쉽게 넣을 수 있을 정도로 가늘었다. 갈라파고스의 바다이구아나가 푸른발얼가니새의 꼬리 깃털을 잡는 모습과 아주 비슷했지만, 여우는 다른 여우하고 놀기 위해 나뭇가지를 집지는 않았다. 여우는 나뭇가지를 친구에게 가져다주더니 몇 미터 떨어진 곳에서 멈췄다. 몇 주 동안 친구를 관찰했던 여우는 친구가 돌발 행동을 하지 않을 것임을 알았다. 여우는 친구가 총도 없고 쌍안경만 있다는 것을 알았을 것이다. 야생 북극여우가 작은 막대기를 집어 들고 와서는 마치 "나랑 놀자."라고 말하려는 듯 당신 앞에 막대기를 떨어뜨리는 장면이 상상이 가는가?

개를 좋아하는 내 친구는 조심스럽게 작은 나뭇가지를 집어 새 둥지에서 비껴 있는 곳으로 던졌다. 이후 무슨 일이 벌어졌는지는 익히 상상할 수 있을 것이다. 여우가 나뭇가지를 따라 달려가더니 잘 훈련된 개처럼 공중에 떠 있는 나뭇가지를 잡아챘다. 그러고는 그 자리에서 돌아서서 막대기를 다시 가져와 친구 앞에 내려놓았다. 친구가 막대기를 다시 던졌다. 안타깝게도 이때 작은 명금류가 돌아왔고 친구는 일을 하러 가야 했다. 우리는 이후 여우가 어떻게 했는지 알 수 없다. 친구는 여우가 아니라 명금류를 계속 관찰했기 때문이다. 결국 그게 그의 일이었다.

이것이 늑대가 인간을 길들인 방식이 아닐까 하는 생각을 한다. 야생 늑대가 인간에게 다가간 것은 아마도 오랫동안 인간을 관찰하다 보니 어떤 사람은 위험하지 않고 오히려 친절하고 심지어 재미있다는 것을 깨달았기 때문일 것이다. 개 입장에서 보면 함께 놀고 싶어 하는 사람만큼 좋은 장난감은 없다. 또는 황새 한지처럼 잘못된 친구를 따라 먹이를 구할 수 없는 지역으로 들어갔던 야생 늑대에게 인간이 최후의 보루였을 수도 있다. 한지가 살아남을 수 있는 유일한 방법은 가장 덜 위험한 인간, 즉 할머니에게 다가가는 것뿐이었다.

지구의 더 나은 미래를 위해 우리 모두는 이 두 가지 상황에 부응해야 한다. 동물을 돕거나 동물과 함께 놀거나, 아니면 두 가지 모두. 그리고 두 상황 모두에서 인간과 동물의 관계가 발전하고 점점 더 많은 동물이 우리를 길들일 것이다.

이카루스 인식표를 단 비둘기의 죽음

18 푸틴의 우크라이나 침공

2022년 2월 말, 러시아의 국제우주정거장 영화가 쪽박을 찬 이후 인식표를 다시 프로그래밍하기 위해 필요한 계약서 서명이 완료되기를 애타게 기다렸다. 서명이 완료되자마자 범지구 동물관찰 시스템을 다시 가동할 수 있었다. 그러고 나서 이튿날 눈을 떠보니 세상은 완전히 다른 곳이 되었다. 적어도 유럽인에게만큼은 그랬다. 나를 비롯한 두 세대는 전쟁이라는 것을 그저 부모님이 어렸을 적 겪은 일이나 조부모님이 들려주신 제1차 세계대전에 대한 이야기 정도로만 알고 자랐다. 이런 전쟁은 다시 일어나지 않을 것이라고 생각했지만, 2022년 우리는 다른 나라를 무자비하게 침략하고 사람들을 죽이고 고문하는 다른 국가와 마주하게 되었다.

우리는 충격과 공포에 떨었다. 러시아에 있는 우리 친구들은 어땠을까? 우리는 그들이 이 전쟁을 지지하지 않는다는 것을 알았지만, 자칫 목소리를 냈다가는 박해와 처벌을 받거나 심지어 추방되거나 징집될 수도 있을 것이라 생각했다. 유럽에서 민주주의 국가들이 다시 한번 독재 정권에 반대하는 목소리를 내야 할 때가 왔다. 우리는, 적어도 유럽은 역사의 전환점에 서 있었고, 이는 우리의 관측 시스템에도 끔찍한 결과를 가져왔다.

우리 프로젝트는 독일항공우주센터가 이끌었는데, 센터는 독일과 러시아가 합동으로 진행하는 우주 프로젝트가 더는 진행되지 않을 것이라고 조심스럽지만 분명하게 밝혔다. 그러자 러시아연방우주공사의 수장인 드미트리 로고진Dmitry Rogozin은 모든 비러시아 모듈을 국제우주정거장에서 어떻게 분리하고자 하는지를 보여주는 황당한 애니메이션과 함께 정말 기괴한 발언을 늘어놓으며 맞받아쳤다. 우주정거장의 모듈들은 러시아 엔진에 크게 의존하고 있었다. 이 모듈들을 분리하면 결국 나락으로 떨어지게 될 것이다. 미국항공우주국과 유럽우주기구, 일본우주항공연구개발기구Japan Aerospace Exploration Agency, JAEA 등의 국제 모듈이 파괴되고 국제우주정거장에서 러시아는 새로운 러시아 우주정거장으로서 계속 독자적으로 비행할 수 있을 것이다. 국제우주정거장의 이카루스는 역사 속으로 사라졌다.

러시아가 이카루스 궤도전파시스템orbit propagation system의 매개변수를 변경하는 방법을 알면 시스템을 계속 운영할 수 있었기 때문에 러시아에 매개변수 변경 방법을 가르치지 않은 것이 다행이었다. 러시아에는 시스템 운영 정보가 없었다. 또한 인식표를 만들 줄도, 프로그래밍하는 방법도 몰랐다. 러시아는 고작해야 이미 인식표가 부착된 동물로부터 데이터를 약간 더 확보할 뿐이었다. 이카루스 시스템은 매우 탄력적이어서 우리가 더 이상 미세 조정을 하지 않아도 계속 작동했기 때문이다. 앞으로 몇 주 또는 몇 달 동안 이카루스 수신기 시스템은 사실상 쓸모없을 때까지 성능이 저하될 것이다. 국제우주정거장에서 이카루스 시스템은 날개를 잃었다. 우리는 전화위복이라고 생각했다. 왜냐하면 국제우주정거장의 이카루스 시스템은 버터를 바른 망원경과 다름없었기 때문이다. 아무리 노력해도 아무것도 선명하게 볼 수 없었다. 국제우주정거장의 이카루스는 바이코누르의 우주 공동묘지에 있는 다른 장치들에 합류하게 될 것이다.

우리가 전화를 받지는 않았지만, 러시아 기술자들이 안절부절 못하며 전화하는 것을 보면 그들이 이러한 문제를 깨달았음을 알 수 있었다. 러시아의 우주공학과 우주통신이 얼마나 앞서 있는지를 보여주기 위해 러시아연방우주공사 최고위층에서 이카루스 시스템을 운영하려 한다는 소문이 들렸다. 러시아에 있는 공학자 동료들에게 정말 미안한 마음이 들었다. 독재 정권이 들어선 것이 이들의 잘못은 아니었다. 러시아 전체가 전 세계 동물 이동 지도에서 사실상 공백으로 남게 되었다. 국토가 드넓은 러시아는 동물 추적에서 가장 중요한 국가이기 때문에 비극적인 일이었다.

전쟁이 시작될 무렵, 일부 러시아군 장성들이 이전에는 친구이자 이웃이었던 우크라이나에 생화학 무기를 사용할 구실을 찾고 있다는 사실이 분명해졌다. 시리아에서 화학무기를 사용한 러시아나 자기들 마음에 들지 않는 일을 벌이는 다른 나라의 특정 산업 단지를 파괴하거나 침공할 구실을 찾고 있는 다른 서방 국가들에게 특별한 일은 아니었다. 이라크에서 대량살상무기를 찾겠다고 전쟁을 벌인 일을 기억하는가? 하지만 그렇다 쳐도 러시아가 내놓은 정말 어리석은 주장을 보면 아연실색할 수밖에 없었다.

비난은 조류인플루엔자를 중심으로 이루어졌다. 조류인플루엔자는 야생 조류, 주로 물새로부터 퍼지는 위험한 바이러스다. 이 바이러스는 야생 조류와 농장 동물의 상호작용으로 인해 가축인 오리, 거위, 닭, 그리고 아주 드물게는 사람에게도 전염될 수 있다. 조류인플루엔자는 특히 포양호와 같은 중국 동부의 거대 호수 주변 지역에서 많이 확산되는데, 다른 야생 조류와 함께 유라시아 전역으로 퍼질 수 있었다. 또한 인간에게 심각한 결과를 초래하는 전 세계적인 팬데믹이 될 가능성도 있었다. 조류인플루엔자가 인간에게 전염되는 경우는 닭이나 오리를 사육하는 대규모 농장과 같이 제한된 환경에서 발생한다. 유라시아 전역에서 물새가 이동하는 패턴을 예측하는 것이 모든 국가의 최우선 과제인 이유는 바로 이 때문이며, 유라시아의 야생 조류 이동을 이카루스 프로젝트의 첫 번째 대상으로 삼은 이유이기도 하다. 우리도 함께 이 문제를 연구해 다음 대유행을 예방하려는 마음이었다.

우리 팀에 있던 대학원생 중 하나가 우크라이나의 생물학 현장 연구소에서 조류인플루엔자를 연구한 적이 있었다. 이 시설을 점

령한 러시아군은 연구소 기록을 살펴보았고, 포획된 조류에 인식표가 붙어 있고 조류인플루엔자 바이러스에 대한 항체 유무를 검사하기 위해 샘플이 채취된 것을 확인했다. 이를 본 러시아군은 독일과 일부 서방 동맹국이 우크라이나에서 생물학전을 활발하게 연구하고 있으며 감염된 새를 러시아 본토로 보낼 계획을 세우고 있다고 생각했다.

이 이야기는 유엔안전보장이사회까지 회부되었다. 스웨덴 고위 군사령부와 독일연방정보국이 개입했고, 전 세계 언론도 이를 보도했다. 결국 이 소동은 조류바이러스가 슬라브인들에게만 영향을 미치도록 유전자 변형이 이루어졌다고 주장한 한 러시아 고위 장성에 의해 막을 내렸다. 다행스럽게도 순전히 날조된 이야기라는 것이 명백해진 것이다. 이 고위 장성은 유전자 변형 물질이 특정 사람에게만 영향을 미치고 다른 사람들에게는 영향을 미치지 않도록 프로그래밍된 최신 제임스 본드 영화 〈노 타임 투 다이〉를 본 (그리고 믿은) 것 같다. 러시아 장군이 얼결에 공포를 조장하는 동화 같은 이야기에 불과하다고 자인한 꼴이 되었지만, 우리는 조류인플루엔자 확산을 목적으로 이카루스 인식표를 부착해 최소 두 마리의 새(거위와 두루미)를 러시아로 보냈다는 비난을 받기도 했다. 이 두 마리의 새는 우크라이나가 이웃 나라 러시아에 해를 끼치기 위해 보낸 생물학적 무기라는 이야기였다. 진실의 터무니없는 희화화였다.

이 대참사 이후 다시는 러시아와 함께 일하지 않기로 했다. 이제는 자체적인 이카루스 역량과 더 새로운 기술, 그리고 우리 손으로 제어할 수 있는 소형 위성과 같은 우주 자산에 집중해야 했다. 이는 동물이 전쟁 범죄의 은폐 수단으로 이용되는 것을 막는 데도 도움이 될 것이다. 고대 그리스 철학자 플라톤의 말을 빌리자면, "필요는 발명의 어머니"다. 전쟁은 우리의 뜻과는 무관하게 강요되었고, 우리는 다르게 생각해야 했다. 바로 지금 우리가 하고 있는 일이 그것이다.

지금은 자체 이카루스 큐브샛의 공학 설계가 한창 진행 중이다. 2024년 말 출시 예정이며, 마침내 우리 손으로 제어할 수 있는 시스템을 갖추게 될 것이다. 이카루스 인식표가 마련되어 사무실 창턱에서 햇살을 맞으며 마침내 동물들의 몸에 장착될 날을 기다리고 있다. 2025년부터는 새로운 세상을 만날 수 있을 것이다.

자연재해를 감지하는 동물 떼

19

우주에 관한 생각, 아리스토텔레스에서 훔볼트까지

인간은 항상 우주에서 자신의 위치를 이해하고 주변 자연과의 관계를 알고자 하는 열망을 가지고 있었다. 서양 전통에서 중력이나 궤도 같은 무생물 자연현상 그리고 이들 현상 간의 상호작용에 대한 이해는 약 2000년 전 고대 그리스인들에 의해 시작되었다. 이에 반해 동물 그리고 동물 간의 상호작용에 대한 이해가 본격적으로 시작된 것은 165년 전 찰스 다윈Charles Darwin과 앨프리드 러셀 월리스Alfred Russel Wallace의 진화에 대한 이론이 나오고 나서였다. 아울러 동물이 살아가는 방식에 대한 이해를 진전시킬 확실한 양질의 데이터를 확보하기 시작한 것은 바이오로깅 혁명이 일어난 2000년대 초반이다. 이는 수천 년 동안 자신들의 생존을 위해 의지했던 자연환경을 주의 깊게 관찰하고 그 지식을 구전으로 대대로 전수해온 원주민들과는 사뭇 대조적이다.

고대 그리스인들은 물질적인 모든 것은 멀리 있는 힘에 의해 다른 모든 것과 상호작용하며, 이러한 힘이 우주를 하나로 묶는다고 이해했다. 사물이 땅으로 떨어지는 것은 이 사물을 떨어지게 하는 힘이 있기 때문이다. 오늘날에는 이를테면 중력의 존재는 문화적으로 완전히 뿌리내렸기 때문에, 세계에서 가장 통제된 체제조차도 중력이 존재하지 않는다고 주장할 수 없다. 우리 모두는 중력의 법칙을 거스를 수 없다. 그런데 왜, 서양 전통에서 철학자들과 과학자들은 동물에게 일어나는 일에 그토록 무관심했던 것일까?

아마도 동물들이 너무나 가까운 존재들이어서 그랬을 것이다. 우리에게 음식과 옷, 따뜻함, 그리고 가슴 뭉클한(때로는 무서운) 이야기를 주는 존재. 어쩌면 우리는 산업혁명을 거치면서 동물과 거의 완전히 멀어진 뒤에야 이 살아 있는 우주의 중요성을 인식했을지도 모른다. 그렇다고 해서 모든 서양 철학자들이 동물 세계를 완전히 잊어버렸다는 말은 아니다. 단지 주요한 철학적 성취가 우리가 자연의 동물적 측면과 연결되어 있음을 배제했다는 말이다. 불교와 같은 다른 문화와 종교가 우주의 이러한 측면을 더 직관적으로 이해한 것은 분명하지만, 물리학에서 말하는 우주의 대통일(또는 통일장) 이론의 씨앗 역할을 하지는 않았다. 나는 대통일 이론이 우리 존재의 단일 원인을 찾던 초기 그리스 철학에서 시작했다고 생각한다. 쉽게 말해 이 이론은 지금까지 알려진 주요 물리적 힘들이 태초에 모두 하나였다고 주장한다.

고대 그리스인들이 세계의 물리적 특성에 관한 생각을 공식화하기 시작하고 약 2000년이 지난 후, 독일의 저명한 자연학자 알렉산더 폰 훔볼트를 비롯해 세계 곳곳을 여행하던 사람들은 새롭게 발견한 물리적·화학적·수학적 현상을 훨씬 더 상세한 포괄적 지식의 문헌 목록에 통합하기 시작했다. 당시는 적어도 훔볼트 같은 천재에게는 물리학과 수학에 대해 알려진 거의 모든 것을 알 수 있는 시기였다. 그의 저서 《코스모스: 우주에 대한 물리적 설명 개요 Cosmos: A Sketch of a Physical Description of the Universe》는 아마도 서양의 문헌 목록 안에서 모든 물리학을 한 권의 책으로 통합하려 했던 마지막 시도일 것이다.

훔볼트는 물리학에서 가져온 개념을 자연세계에도 적용하려고 했다. 입자들 간의 물리적 연결뿐만 아니라 동물과 식물 그리고 균류 및 기타 생명 간에도 범지구적으로 자연적 연결이 존재한다고 믿었던 것이다. 생물이든 무생물이든, 모든 움직이는 입자는 상호작용한다고 믿었다. 하지만 훔볼트의 시대에는 지구의 자연적 상호작용을 정량화할 수 없었다. 이와 달리 물리학에서는 입자의 상호작용에 일반 법칙과 수학적 공식을 적용해 현상의 본질을 파악하는 것이 가능했다. 훔볼트가 가장 좋아했던 과학적 도구인 육분의를 한번 보자. 지구에서 자신의 위치를 알려면 시간을 알고, 별의 상대적 위치를 관찰하기만 하면 된다. 이 놀라운 업적은 궤도 체계의 물리적 연관성을 이해함으로써 가능했는데, 이는 다시 전체 우주를 지배하는 물리 법칙을 토대로 한다. 고도계로 해발 고도를 측정하거나 습도계로 습도를 측정하는 것도 마찬가지다. 이 모든 도구들이 물리적 특성을 측정하고 관찰하고 이해할 수 있게 해주었다. 하지만 생물들의 세계에는 이에 상응하는 도구가 없었다. 훔볼트가 자신의 책을 "우주의 물리적 설명"이라고 했던 것은 바로 이런 이유 때문일 것이다. 훔볼트는 모든 물리적·화학적·생물학적 현상들이 상호작용하고 있으며, 상호작용하는 전체가 부분보다 크다고 생각했다. 하지만 이 상호작용을 정량화할 수 있는 물리학과 달리 공식적으로 동물의 행동을 예측 가능한 법칙으로 이해할 수 있는 방법은 아직 없었다. 훔볼트가 동물 간의 상호작용에 대해 할 수 있는 것은 관찰한 내용을 기술하는 것뿐이었다.

적어도 서구 문화권에서 이후에 이루어진 모든 철학적 발전은 그 초점이 자연에서 멀어졌다는 것을 의미했으며, 이는 아마도 전체 문화 진화 과정에서 현대 사회의 가장 큰 실패 중 하나일 것이다. 자연의 혜택과 기능은 마치 당연한 것처럼 여겨졌고, 자연은 인간에게 유용하게 쓰이기 위해 존재하므로 자연과 동물을 함부로 대하든 어쩌든 하등 신경 쓸 필요가 없었다. 그렇지 않고서야 어떻게 스포츠와 이윤을 위해 수백만 마리의 들소를 죽이고, 비둘기를 말살하고, 경외심을 자아내는 열대 저지대의 우림을 햄버거 생산을 위한 목초지로 바꿀 수 있을까? 서구가 원주민 문화를 짓밟고 약탈해온 방식, 그리고 아직도 여전히 원주민들의 자연에 관한 토착적 지혜를 파괴하고, 천연자원을 뽑아내기 위해 써먹는 방식은 인류 역사상 가장 어두운 장면으로 기록될 것이다.

서구는 이 세계를 인간의 이익을 위해 뽑아먹기만 하면 되는 무한한 자원이 있는 곳으로 봤지만, 우리는 이러한 접근 방식이 얼마나 어리석은 것인지 깨닫기 시작했다. 살아 있는 생물들의 세계를 지배하는 법칙은 물리 법칙보다 더 유동적이고 유연하다는 점이 항상 어려운 문제였다. 잠시 동안은 물리 법칙을 갖다 댈 수 있지만 결국 결과는 동일하다. 만약 고립된 섬에 사는 인류 문화가 나무를 모두 베어내고 자연의 수용력을 넘어선 생활을 한다면, 결국 자연은 반격할 것이고, 인류는 고향을 떠나거나 멸종해 지구의 역사에서 한 점 흔적에 지나지 않게 될 것이다. 지금 우리가 지구 곳곳에서 걷고 있는 길이다.

현대 인류의 역사를 타개할 수 있는 가장 중요한 돌파구는 생명 세계와 자연의 법칙이 무생물 세계와 물리 법칙만큼이나 강력하다는 것을, 우리는 이 자연의 법칙에 순응해야 한다는 사실을 인정(아마도 토착 원주민 문화권에서 오래전에 인정한 것처럼)하는 것이다. 원주민 문화가 환경을 변화시키지 (때로 크게 변화시키지) 않는다는 말을 하고자 하는 것이 아니다. 성공적인 토착 문화는 수천 년 동안 자연과 더불어 사는 법을 찾아왔으며, 동물을 배려하고 존중하는 방식으로 살아왔다는 이야기를 하려는 것이다.

이를테면 부탄은 동물 학대를 금지하고 있다. 이 문화적 금기는 당신 가족의 과거와 당신의 미래를 연결한다. 도끼나 삽으로 으깨 죽인 벌레나 당신이 죽인 파리는 당신의 할아버지일 수도 있고, 미래의 당신이 될 수도 있다. 그러니 미물이라도 함부로 대하지 말아야 한다. 우리가 이해하는 현대의 생물학에 비추어보면 분명 얼토당토않은 이야기지만, 금기는 규제 지침이자 문화적 전통이며, 자연을 안전하게 지키고 사람들을 행복하게 하는 가장 간단하고 보편적인 방법이다. 그리고 행복은 아마도 우리 우주에서 누구나 누릴 수 있는 가장 중요한 선^善일 것이다. 부탄은 그 아름다움과 자연, 그리고 자연과 동물과 인간 사이 교감의 무궁한 가능성을 간직한 덕에 오늘날 그 어느 나라보다 풍요로운 곳이 되었다. 그렇다고 부탄이 낙원이라고 이야기하는 것은 아니지만, 어쨌든 부탄은 잘못된 방향으로 흘러간 서구 문화와는 다른 곳을 보여주는 빛나는 사례다.

이 모든 것이 종말론적인 이야기처럼 들릴 수도 있지만, 그렇지 않다. 벗어날 수 있는 길이 있다. 명확하고 간단한 방법이다. 그것은 인류 진화의 다음 페이지다. 인간이 자연을 착취하고 파괴하는 인류세 이후에는 인간이 다시 한번 자신을 자연의 일부로 여기는 종간interspecies 시대가 도래할 것이다. 인류세 이후에 올 시대를 종간 시대라고 표현하는 것은 우리가 지구에서 향후의 일을 결정할 때 다른 생물종을 고려하고, 다른 생물종의 지식을 우리의 지식과 연결한다는 의미다. 우리는 다른 생물종의 동반자가 될 것이다. 우리는 지금 우리가 우주를 이해하면서 실패했던 것에서 가장 유익한 교훈을 배우며 살고 있다. 산업화의 실패에 대한 높아지는 자각은 이제 자연, 특히 동물과 우리의 관계를 다시 조정하는 가장 좋은 길이 무엇인지에 대해 훌륭한 통찰력을 주고 있다.

50여 년 전 원격측정에서 일어난 조용한 혁명은 지구에서 사는 동물들에게 목소리를 부여하기 시작했다. 야생동물이 우리 일상적 삶의 일부가 된다면―말 그대로 모든 동물이 우리 삶의 일부가 된 다면―우리는 마침내 토착 문화와 부탄의 불교도들이 이미 실천하 고 있는 것, 즉 우리 자신의 운명을 지구 곳곳에 사는 크고 작은 동 물들의 운명과 연결하는 법을 배우게 될 것이다. 이것이 우리의 의 무임을 확신하지 못하는 독자들에게, 동물 인터넷이 중요한 이유와 동물이 우리의 선생이 되어야 하는 몇 가지 이유를 들고자 한다.

먼저 전 세계적인 팬데믹을 보자. 팬데믹이 사람들에게 얼마나 큰 충격을 주었는지 굳이 상기할 필요는 없을 것이다. 다행스럽게 도 코로나19 팬데믹은 더 악화되지 않았고, 백신을 신속하게 개발 했으며, 적어도 이 책을 쓰는 시점에서 보면 완전히 최악의 재앙 은 아니었다. 사스^{SARS}, 메르스^{MERS}, 에볼라^{Ebola} 같은 다른 동물 매 개 질병은 앞으로―누군가는 '그들의 다음 라운드'라고 말할 것이 다―다시 돌아올 것이고, 아마도 변이를 일으켜 훨씬 더 위험해질 것이다. 만약 동물 파수꾼이 현장에 있으면서 사람 및 농장 동물과 밀접하게 접촉한 동물에서 발생한 질병에 대해 알려준다면 미래의 팬데믹을 예방할 수 있을 것이다. 질병은 자연의 섭리이기 때문에 앞으로도 팬데믹이 발생할 가능성이 있지만, 지금 우리가 할 수 있 는 일은 동물에서 인간으로 전염되는 것을 막기 위해 모든 조치를 취하는 것이다. 수천수만의 동물이 질병이 확산되는 시기를 알려 주는 범지구적 시스템을 갖춘다면, 질병이 인간에게 전염될 가능 성은 현저히 낮아질 것이다.

세계 곳곳에는 환경에 무언가 커다란 변화가 일어날 때 동물들이 여섯 번째 감각으로 감지해 경고해준다는 일화, 동요, 민담이 전해진다. 동물이 지진이나 화산 폭발 혹은 비교적 드물게 발생하는 자연재해를 감지하도록 진화하지 않았다는 것은 분명하지만, 위험이 닥칠 수 있는 상황을 감지하는 감각은 뛰어나다. 두려움은 아마도 자연에서 가장 강력한 원동력 중 하나일 것이다. 동물들은 (최상위 포식자인 몇몇 동물들을 제외하고) 잡아먹히거나, 먹이가 부족하거나, 추위 혹은 더위로 죽을 위험에 늘 노출되어 있다. 따라서 동물들이 집단적으로 환경에 무언가 변화가 생겼다고, 자기들이 사는 세상이 더 위험해졌다고 말하면, 우리는 이 이야기를 귀담아 들어야 한다. 동물들은 위험을 감지하는 데 탁월하다. 물론 우리는 우리만의 측정 도구—위성 데이터, 지역 센서 데이터, 최고의 인공지능 모델—로 확증하고 싶겠지만, 지구상에서 우리가 가진 가장 지능적인 센서들의 집단적 상호작용인 동물의 자연 지능은 (적어도 지역적 수준에서는) 자연재해를 예측하는 데 유용한 최고의 조기 경보 시스템일 것이다.

다행히 우리는 이카루스 시스템으로 지구 어디에서나 거의 실시간으로 이들 동물의 행동을 측정할 수 있다. 우리는 동물이 어떤 특정 순간에 무엇을 감지하고 느끼는지 확인할 수 있다. 그리고 무언가 잘못되었거나 위험하거나 위협적인 것을 동물 무리가 집단적으로 감지하면 사람들은 이를 여섯 번째 감각으로 직감한다. 이런 현상은 일련의 지능형 센서가 서로 연결될 때 일어난다. 이카루스의 훌륭한 점은 이들 센서가 연결되어 일어나는 행동을 물리적·화학적 법칙으로 포착하고 정량화할 수 있다는 것이고, 이를 분석해 미래를 예측하는 데 사용할 수 있다는 것이다.

로마, 파리, 런던과 같은 도시의 겨울 하늘에서 정교하게 군무를 추는 찌르레기 떼를 상상해보라. 찌르레기 떼는 포식자를 피하는 청어 떼와 거의 똑같이 움직인다. 찌르레기 떼의 포식자는 대부분 송골매다. 하지만 찌르레기 역시 공중 곡예를 하는 동안 무거운 녀석과 가벼운 녀석으로 나뉜다. 모래가 담긴 항아리를 흔든다고 생각해보자. 무거운 알갱이는 자연스럽게 바닥으로 가라앉는다. 하늘에서 무리 지어 움직이는 찌르레기들에게도 비슷한 일이 일어나는 것으로 보인다. 무거운 녀석들, 즉 잘 먹는 녀석들은 자연스럽게 아래쪽으로 모여들고 밤에 휴식을 취하기 위해 도심지의 나무에 가장 먼저 내려앉는다. 낮에 좋은 먹이터를 찾지 못한 배가 곯은 찌르레기들은 잔뜩 먹이를 먹어 배가 부른 찌르레기들이 쉬는 모습을 보고 있다가 이튿날 아침 녀석들을 따라 먹이터로 가서 자기들도 배불리 먹는다. 지금은 이론에 불과하지만, 동물의 행동이 어떻게 간단한 물리적 규칙을 토대로 이루어지는지를—그리하여 예측할 수 있는지를—보여준다. 이카루스 인식표를 통해 마침내 이러한 아이디어를 테스트하고 물리법칙과 자연법칙이 어떻게 상호작용하는지 확인할 수 있게 되었다. 동물의 행동을 정량화하지 못하고 그저 관찰하고 기술하는 데 그쳤던 훔볼트 시대에 비하면 놀라운 발전이다.

동물은 향후 일어날 일을 예측하는 데 자신의 생존이 달려 있기 때문에 지구 최고의 생물학적 관찰자라 할 수 있다. 우리는 지구를 훑어보는 인공위성을 보유하고 있지만, 특정 장소를 지키거나 실종자를 찾을 때는 여전히 경비견이나 탐지견을 동원한다. 우리에게는 지역 현장의 정보가 필요하다. 현장에서 눈과 귀와 코로 상황을 파악하는 지능적 존재의 판단을 대신할 수 있는 것은 아무것도 없다. 이것이 바로 동물이 우리를 위해 할 수 있는 일이다. 동물들이 현장에서 무엇을 보고, 어떻게 자신들의 지식을 적용하는지 우리에게 말할 기회를 주기만 하면 된다.

이러한 경고 시스템은 황량해 보이는 사막에 메뚜기 떼가 출몰할 때 수많은 새들이 모이는 것처럼 단순하다. 메뚜기 떼는 이미 벼랑 끝에 있는 사람들의 삶을 나락으로 내몰 수 있다. 그렇다고 메뚜기 떼에 자동으로 살충제를 뿌려 죽여야 한다는 것은 아니다. 하지만 사전 경고는 적절한 대응책을 마련하는 데 보탬이 된다. 허리케인이나 토네이도도 마찬가지다. 재난이 지나갈 때까지 사람들을 대피시킬 수 있다. 예전에는 미국 중서부 지역에서 발생하는 토네이도는 예측할 수 없는 자연의 힘이었다. 요즘에는 고작 몇 분 전에 울리는 경고만으로 대부분의 사람들을 즉시 안전하게 대피시킬 수 있다.

동물들은 인간뿐만 아니라 다른 동물들의 생명을 위협하는 상황을 감지할 수 있다. 밀렵꾼이 놓은 독에 죽은 코뿔소 사체를 먹고 죽어가는 독수리는 우리에게 상황의 심각성을 경고하고, 수백 마리의 다른 동물이 천천히 고통스럽게 죽는 것을 막을 수 있다. 살충제 DDT가 널리 사용되었을 때 송골매처럼 더는 알을 낳지 못하게 된 새들은 환경에 재앙을 일으키는 화학물질이 조류뿐만 아니라 인간과 지역 전체를 위협한다는 것을 알려준다.

동물들은 단지 현장에서 서식하고 생활하는 것만으로도 비교적 간단하게 많은 것들을 우리에게 이야기한다. 도시에 사는 비둘기는 미량의 가스 흔적도 포착할 수 있다. 도시 외곽의 집비둘기는 풍속, 온도, 습도, 난기류를 측정해 지역의 일기 예측 능력을 크게 향상할 수 있다. 태평양 주변에 서식하는 특정 새들이 둥지를 트는 행동을 보고 앞으로 일어날 엘니뇨 현상을 예측할 수도 있다. 새들의 행동은 앞으로 다가올 엘니뇨의 강도를 보여주는 지표가 되기도 한다. 이를테면 이 새들은 엘니뇨가 시작될 때 조류藻類 번식의 변화에 따라 개체군의 크기가 달라지는 작은 물고기를 먹는다. 멕시코만의 바닷새는 물고기의 번식 성공과 실패를 파악하는 데 유리한 위치에 있기 때문에 인간이 만든 어떤 방법이나 모델보다 멸치를 비롯한 다른 어류의 연간 수확량을 더 잘 예측할 수 있다.

우리는 이미 동물 추적이 인간에게 즉각적이고 구체적인 결과를 가져올 수 있음을 보여주는 몇 가지 결과를 목격하고 있다. 지진을 예측하는 소 베르타Berta 이야기를 한번 보자.

살아 있는 지진 탐지기 소

20 지진을 예측하는 소 베르타

　돌이켜 생각해보면 1988년 뮌헨에서 생물학을 공부하던 대학생 시절 이카루스 프로젝트의 여정이 시작된 것 같다. 절친한 사이였던 베른트와 나는 학교를 1년 동안 쉬기로 정했다. 우리는 다윈과 훔볼트를 비롯한 많은 자연학자들이 여행을 통해 변화되었다는 글을 읽었다. '여행으로 삶이 변했다고? 그러면 우리도 한번 해보자!' 우리 목표는 1년 안에 지구상에 존재하는 자연 서식지를 최대한 많이 보는 것이었다. 아울러 이들 서식지와 상호작용하는 사람들을 이해하고 싶었다. 어떻게 하면 이 일을 가장 잘할 수 있을까?

　동식물과 함께 살아가는 전통적인 농부였던 할아버지가 돌아가신 지 얼마 되지 않은 때였다. 수많은 추억과 가르침을 주셨던 할아버지는 나에게 당시 약 8000달러에 해당하는 1만 5000마르크라는 거액의 현금을 남기셨다. 친구들과 함께 1년만 여행할 수 있다면 무엇을 할지 궁리했다. 내 계획은 1만 5000마르크를 모두 쓰는 것이었다. 알프스에서 새처럼 행글라이딩을 하며 몇 달을 보낸 또 다른 친구 한스가 별문제 아니라는 듯 말을 꺼냈다. "나라면 알래스카에서 티에라델푸에고까지 운전해서 갈 거야. 북에서 남으로 대륙을 넘어 운전해서 갈 수 있는 가장 길게 뻗은 지역이거든."

베른트와 나는 고개를 끄덕였다. 우리는 계획을 세우기 시작했지만 곧 북미에서 남미로 가는 도로가 없다는 사실을 깨달았다. 파나마 동부의 늪지대인 다리엔을 통과하는 도로를 닦으려고 했지만 한창 사람들이 많이 다닐 때도 진흙탕 길이었고, 그마저도 1988년에 사라져버리고 말았다. 북미에서 남미까지 기다란 지역 전체를 운전해서 가려면 파나마 어딘가에서 콜롬비아까지 차량을 따로 운송해야 하는데, 수중에 있는 1만 5000마르크를 훌쩍 초과할 수도 있는 상황이었다.

우리는 피오르드, 소금 호수, 높은 산, 거대한 열대우림 등 모든 것을 갖춘 듯이 보였던 대륙, 남미에 집중하기로 했다. 이러한 결정에는 미국이 건국되고 초기 수십 년 동안 신대륙의 적도 지역을 여행했던 훔볼트와 다윈의 영향이 알게 모르게 스며 있었다. 훔볼트는 아메리카 대륙의 두 주요 강 유역인 아마존과 오리노코를 잇는 카시키아레운하를 탐험했다. 훔볼트의 항해에 대한 책을 읽은 우리는 베네수엘라에 가서 기름쏙독새 동굴인 쿠에바델과차로 동굴을 꼭 가보고 싶었다.

물론 여행을 준비하는 동안에도 앞으로 학교에서 자리 잡는 필요한 자질구레한 것들을 공부해야 했다. 어느 날 아침 나는 2차 식물 동정 시험을 보기 위해 오토바이를 타고 뮌헨으로 향했다(그런데 또 낙방했다). 학과 건물에서 몇 블록 떨어진 곳에서 여행에 안성맞춤인 롱휠베이스long-wheelbase의 도요타 랜드크루저 사하라를 발견했다. 초대형 타이어와 기다란 새시, 잠을 잘 수 있는 뒷좌석 공간까지 갖춘 이 차만 있다면 어디든 갈 수 있을 것 같았다.

문제는 내 차가 아니라는 것이었다. 이 차가 우리에게 딱 맞는 차라고 확신한 나는 가던 길을 멈추었다. 수첩에서 찢어낸 종이에 정중하게 글을 써서 앞 유리 와이퍼 아래에 끼워놓았다. 이런 내용이었다. "안녕하세요, 멋진 차량을 가지고 계시네요! 저희가 오랫동안 찾던 바로 그 차량입니다. 저희는 남미를 여행하기 위해 1년간 휴학 중입니다. 혹시 가능하다면 이 차를 구입하고 싶습니다. 베네수엘라에서 티에라델푸에고까지 1년 동안의 여정에 딱 맞는 차량이니 판매를 고려해주세요."

될 대로 되라는 심정으로 쓴 것이고, (아마도 뮌헨의 여피족일) 차량 주인이 쪽지를 읽고는 찢어서 바닥에 내던지고는 밟고 가버릴 줄 알았다. 그런데 그날 밤 랜드크루저 주인이 전화를 걸어왔다. 주인은 자신의 차를 사고 싶어 하는 사람들이 쪽지를 써서 앞 유리에 계속 끼워 둔다, 하지만 개인적으로 정말 좋아하는 차다, 그런데 자기가 항상 하고 싶었지만 할 수 없었던 일을 우리가 한다고 하니 단돈 6000마르크에 차를 팔겠다고 말했다. 이튿날 랜드크루저를 구입한 우리는 정비사인 형의 도움을 받아 세 명이 탑승해 잠도 자고 장비와 물품을 보관할 수 있는 충분한 수납 공간이 있는 차량으로 개조했다. 우리 중 두 명은 생물학자였기 때문에 주요 물품은 남미의 동식물에 관한 책과 훔볼트의 항해기를 비롯해 다양한 여행을 다룬 책이었다. 몇 달 뒤, 우리 셋은 해 질 무렵 베네수엘라 북부의 쿠에바델과차로 건너편에서 차에 앉아 기름쏙독새들이 날아오기를 기다리고 있었다.

이 경이로운 여정을 준비하면서 나는 훔볼트가 쓴 쿠마나 지역에 관한 글을 읽었다. 거기에는 기름쏙독새에 관한 것보다 더 흥미로운 이야기가 있었다. 훔볼트가 이곳을 방문했을 때 동행이었던 에메 봉플랑과 함께 경험한 지진에 관한 내용이었다. 훔볼트는 갖은 방법을 동원해 지진을 물리적으로 측정했다. 하지만 그보다 더 중요한 것은 지진이 일어날 때 동물들이 미리 알려준다고 말한 지역 주민들과 많은 이야기를 나눴다는 점이었다. 동물이 지진을 예측하는 방법에 대해 쓴 부분은 전체적으로 다소 모호했다. 아마 훔볼트는 이 주제에 관해 너무 앞서 나가고 싶지는 않았던 모양이다. 하지만 나의 과학 영웅 중 한 명이 동물을 이용해 지진을 예측할 수 있다는 가능성을 언급한 내용이 분명하게 적혀 있었다.

훔볼트의 이야기는 20년 동안 머릿속을 맴돌았다. 2008년 나는 세계 최초로 원격 다운로드할 수 있는 GPS 데이터 자동기록기를 새들에게 장착하기 위해 기름쏙독새 동굴을 다시 찾았다. 이 데이터 자동기록기는 후배 연구자인 프란츠 퀴메스Franz Kümmeth(5학년 때 생물 선생님의 아들이다)가 설계하고, 그가 최근에 설립한 생물원격측정 회사인 이오비에스E-OBS에서 만든 것이었다. 이 데이터 자동 기록기를 사용해 발견한 것은 훔볼트의 기름쏙독새가 남미 열대우림에서 가장 중요한 종자 분산자라는 사실이었다. 이 놀라운 사실은 훔볼트도 전혀 알지 못했다. 해 질 녘에 동굴을 떠났다가 새벽에 돌아오는 기름쏙독새를 관찰한 훔볼트는 새들이 매일 아침 동굴로 열매를 가져와 먹은 다음 씨앗을 땅에 뱉어낸다고 생각했다. 하지만 어두운 동굴에서 발아한 식물은 곧 시들어 죽는다. 추적기를 통해 밝혀진 사실은 새들이 매일 아침 동굴로 돌아오지 않는다는 것이었다. 새들은 몇 날 며칠 숲에 머물며 대부분의 씨앗을 뱉어냈다. 알고 보니 새는 커다란 열매 안에 씨앗을 담은 열대우림의 모든 나무를 위한 완벽한 종자 분산자였다.

다행히 우리가 만든 생물 추적 인식표는 GPS 위치뿐만 아니라 가속도도 측정했다. 신체 가속도 데이터를 보면 동물이 어떻게 행동하는지를 알 수 있다. 이제 이 독특하고 새로운 데이터를 이용해 훔볼트가 당시 원주민들로부터 들은 이야기, 즉 지진이 일어나기 전에 동물이 주변 환경의 변화를 감지할 수 있다는 가설을 검증할 수 있었다. 하지만 정확히 어떻게 테스트할 수 있을까? 순진하게도 나는 동물들이 대피 행동을 했기에 지진이 일어났을 때 동물이 살아남은 것으로 알려진 장소에 가면 될 것이라 생각했다. 혹은 동물들이 지진의 결과로 발생한 쓰나미를 성공적으로 피한 장소로 가면 될 것 같았다.

2004년 인도네시아에서 발생한 쓰나미로 인해 반다아체를 비롯해 다른 많은 지역이 황폐화되었고, 16만 명 이상이 사망했다. 하지만 쓰나미의 진원지에서 훨씬 더 가까워 큰 피해를 입었을 것으로 예상되는 작은 섬 시물루에에서는 단 일곱 명만이 목숨을 잃었다. 우왕좌왕 날아다니는 닭과 해변에서 고지대로 도망치는 물소를 본 사람들이 언덕으로 뛰어 올라갔기 때문이다. 사람들은 동물들의 징후를 읽고 구사일생으로 화를 면했다.

시물루에의 물소처럼 반다아체에서도 코끼리 무리가 사슬을 끊고 고지대로 도망쳤다는 이야기가 있었다. 도망치는 코끼리를 막지 못한 조련사들은 코끼리를 잃지 않기 위해 뒤쫓아 갔고, 결국 살아남을 수 있었다고 한다. 이 이야기를 듣고 영감이 떠올랐다. 코끼리와 조련사를 찾아서 아주 특별한 추적 인식표를 부착하고, 여진이 발생해 지진이나 쓰나미가 닥치기 전에 코끼리가 반응하는 것을 확인하면 될 것이다. 동시에 재난이 일어난 해안가에서 멀리 떨어진 고지대에 사는 야생 코끼리에게도 인식표를 부착해 지진이나 쓰나미에 대한 반응이나 예측에서 차이가 있는지 확인한다. 이런 생각을 하고 테스트할 방법을 찾아낸 자신이 대견하게 여겨졌으나, 이는 결코 좋은 징조가 아니다.

코끼리를 찾고, 연구 허가를 받고, 코끼리에게 부착할 적합한 인식표를 마련하는 것은 쉽지 않았지만 마침내 작업을 마무리했다. 사람들이 코끼리와 함께 생활하고 함께 일하는 모습은 정말 놀라웠다. 그렇다고 해서 야생 코끼리를 포획해 사람을 위해 강제로 일을 시키는 것을 정당화하려는 것은 아니다. 끔찍한 일이니까. 하지만 농사를 지었던 할아버지로부터 개나 소처럼 포획 코끼리 역시 인간과 좋은 관계를 맺을 수 있다는 것을 배웠다. 우리는 또한 야생 코끼리를 찾는 데 인간과 함께 일하는 코끼리의 도움을 받았고, 이렇게 찾은 야생 코끼리를 마취한 다음 추적용 인식표를 달았다.

우리가 이 쓰나미 예측용 코끼리와 야생 숲의 친척 코끼리들에게 인식표를 달기 위해 갖은 노력을 쏟고 나서 18개월이 지난 지금까지 지역에서는 지진이 더는 발생하지 않았다. 인도네시아에서 약 500킬로미터 떨어진 곳에서 지진이 한 번 발생했지만, 500킬로미터는 너무 먼 거리이고, 쓰나미도 동반되지 않았다. 비록 우리가 인식표를 매단 코끼리로부터 지진 예측에 관해 알아낸 것은 없지만, 코끼리가 계절에 따라 해안에서 고지대로 이동하는 방식, 코끼리들 간의 상호작용 방법 등 많은 것을 알 수 있었다. 또한 우리가 인식표를 붙인 일부 말썽꾸러기 야생 코끼리(지역의 농부들과 교류하는 코끼리)의 행동에 대해서도 몇 가지를 알게 되었다(녀석들은 농작물이 자신의 것이라고 생각한다).

당시까지 지진을 예측하는 동물에 대한 연구는 완전히 실패했다. 다음 단계로 대지진이 막 발생한 지역에 가서 동물에게 인식표를 달아 대지진 후 종종 발생하는 대규모 여진을 예측할 수 있는지, 어떻게 예측할 수 있는지 알아보고자 했다. 이 아이디어의 장점은 여진이 어느 정도 예측 가능하다는 점에 있었다. 우리는 여진이 온다는 것을 알고 있으며, 일부 여진은 상당히 강력하다. 대지진만큼 강하지는 않지만, 진도 6 또는 7의 강진이 연속적으로 발생하는 경우 진도 4 이상, 진도 5 정도의 여진이 얼마간 발생하면서 서서히 잦아든다.

하지만 이를 연구하기 위해서는 신속하게 움직여야 했다. 기본적으로 지진이 발생하고 이틀 이내에 그 지역에 도착해야 한다. 또한 이틀 안에 동물들에게 인식표를 부착해야 한다. 반다아체에서 연구한 직후 나는 필요한 정보를 정확히 수집하도록 프로그램을 심은 GPS 가속도 자동기록기 인식표 서른 개를 준비했다. 이 인식표를 통해 동물들의 고화질 위치 정보와 지속적인 가속도 데이터를 수집해 최소 2주 동안 매 순간 동물들의 행동을 파악할 수 있었다. 이 정도가 당시 최첨단 생물학 장비에 과부하를 주지 않으면서 기록할 수 있는 모든 데이터였다. 이카루스가 발사되기 전이라 수집한 모든 데이터를 수동으로 다운로드해야 했지만, 시작은 한 셈이었다.

물론 한걸음 내디딘 것은 사실이지만 지진이 발생하면 바로 비행기를 타거나 차를 몰고 현장으로 갈 준비를 해야 했다. 2주마다 서른 대의 데이터 자동기록기 배터리를 충전하고, 시계가 제대로 작동하는지 확인해야 했다. 또한 생각할 수 있는 모든 종류의 동물에 부착할 수 있도록 다양한 야생동물 인식표를 준비하고 관리해야 했다. 다음에 세계 어느 곳에서 지진이 일어날지, 어떤 동물을 찾아 인식표를 달지 전혀 예상할 수 없었기 때문이다.

약 10개월이 지나고 파키스탄에서 대지진이 발생했다. 예의주시하고 있던 나는 정부 구호기관에 연락을 취했다. 하지만 이제 막 큰 재난이 발생해 많은 사람이 목숨을 잃은 지역에 들어갈 수는 없었다. 또한 생존자들에게 "죄송합니다. 저는 여러분을 도울 수 없습니다. 하지만 동물들이 여진을 예측하는지 볼 있도록 인식표를 달아주셨으면 좋겠어요."라고 말할 수도 없었다. 친척, 자녀, 부모를 잃고 모든 재산과 생계 수단을 잃은 사람들에게 이런 식으로 말하는 것은 도리가 아니다. 앞으로 발생할지 모를 지진을 예측해 미래의 사람들을 돕고 싶었지만 지금 이 순간 비탄에 빠진 사람들에게 다가가 그렇게 할 수는 없었다. 그리스나 튀르키예처럼 강한 여진을 동반한 지진이 자주 발생하는 나라는 접근하기도, 전반적인 상황을 파악하기도 쉽기 때문에 유럽 국가가 더 낫다고 생각했다.

2016년 여름, 딸과 함께 스코틀랜드로 휴가를 갔다. 이틀 뒤 이탈리아 중부 산악지대에 있는 아마트리체에서 큰 지진이 발생했다. 딸과의 휴가를 취소하고 바로 집으로 날아가 인식표를 들고 아마트리체로 갈까도 생각했지만, 딸에게 이탈리아 지진이 휴가를 함께 보내는 것보다 더 중요하다고 말할 수는 없는 노릇이었다. 그렇게 또 기회를 놓치고 말았다. 당시에도 여전히 2주마다 인식표의 배터리를 충전하고 다음 지진을 기다리는 동안 인식표가 모두 정상 작동하는지 확인했다. 일리노이에서 밤에 명금류가 날아오르기를 기다리던 때와 비슷한 기분이었다. 하지만 반다아체에서 연구한 이후 거의 2년 동안 기다렸다는 점은 달랐다.

아마트리체 지진이 발생하고 두 달이 지난 2016년 가을 어느 밤, 이카루스 프로젝트의 총괄책임자이자 동료 연구자인 우쉬와 콘스탄츠의 한 이탈리안 레스토랑에서 맛있는 저녁식사를 한 직후 이탈리아에서 또 지진이 발생했다는 소식을 들었다. 이번에는 아마트리체에서 북쪽으로 차로 1시간 정도 떨어진 비소 마을 근처였다. 우리는 생각했다. '당장 운전해서 가자.' 하지만 이미 와인을 두 잔이나 마신 터라 그날 밤에는 운전을 할 수 없었다. 결과적으로는 잘된 일이었다. 이튿날 이탈리아 대통령이 재난 지역을 방문했고 어쨌든 모든 도로에 일반 차량의 통행이 금지되었다. 불행 중 다행으로 지난번 지진으로 마을의 약한 건물이 무너지거나 버려진 상태라 이번 지진으로 인한 사망자는 거의 없었다. 그럼에도 생계 수단과 주택, 기반 시설에 막대한 피해가 발생했다.

이튿날 오후 차로 10시간 거리에 있는 비소로 출발하기로 했다. 계획은 새벽 2시 30분에 도착하는 것이었다. 우리는 많은 도로가 폐쇄될 것으로 예상했고, 그 시간대에 독일 번호판을 단 차량이 지진 발생 지역으로 들어가도 아무도 신경 쓰지 않을 것이라고 생각했다. 우리가 옳았다. 우리는 비포장 도로를 타고 경찰이 차단한 도로를 우회해야 했지만, 당시 경찰관들은 피곤해서인지 모두 잠들어 있었다. 우리는 주요 재난 지역에 주차를 하고 새벽까지 차 안에서 잠을 잤다. 다음은 어디로 가지?

무엇보다도 인식표를 매달 동물이 있는 정확한 위치를 탐색해야 했다. 두 달 전 아마트리체 지진의 진원지는 남쪽으로 더 멀리 떨어져 있었다. 이번 지진의 중심 지역은 아마트리체에서 약 40킬로미터 떨어진 비소 방향으로 단층선을 따라 약간 북쪽으로 이동한 것으로 나타났다. 우리는 여진이 현재 진원지의 북쪽에서 발생할 것으로 예상했다. 게다가 도로와 건물뿐만 아니라 기본적으로 모든 것이 파괴된 바람에 진원지에서 바로 작업할 수는 없었다. 우리는 동물을 찾고, 그리고 더 중요하게도 삶을 위협받는 스트레스 상황에서 우리의 이야기를 들어줄 사람들을 찾을 수 있는 최적의 장소가 농촌 체험관광 숙박시설이라고 생각했다. 이탈리아에는 예전에 농장이었던 곳을 공유 숙박시설로 개조해 시골의 편안한 농가 주택에서 아늑한 휴가를 보내도록 하는 매우 훌륭한 시스템이 있다. 이들 농가 주택에는 여전히 당나귀, 소, 말과 같은 전통적인 동물을 기르는 곳이 많았다.

하지만 안타깝게도 10월 말이라 대부분의 숙박시설이 문을 닫았다. 다행히 관리인이 한 명 남은 숙소를 찾았지만 우리를 쫓아내며 소리쳤다. "방금 지진 난 거 몰라요! 원하는 게 뭐요?" 우리는 솔직하게 털어놓았다. "동물들이 여진을 예측할 수 있는지 보려고 왔습니다." 관리인이 잘라 말했다. "당장 나가세요. 당신 같은 사람은 여기 필요 없어요!" 관리인의 반응은 충분히 이해할 만했지만, 5년 동안 이 순간을 위해 노력해온 것을 생각하니 좌절감이 밀려왔다.

다시 주요 도로로 운전해 돌아가는 길에 지진으로 많은 집들이 파손된 작은 마을을 지나쳤다. 농장 가게로 보이는 집이 있었다. 창문은 모두 깨져 있고, 벽에는 금이 커다랗게 가 있었다. 치즈가 놓인 테이블은 모두 쓰러져 있었고 깨진 유리 사이로 치즈 덩어리가 널려 있었다. 농장의 한 젊은 여성이 엉망진창이 된 가게를 치우는—적어도 둘러보는—듯 보여 발걸음을 멈추었다. 이탈리아어에 능통한 우쉬가 다가가 물었다. "치즈를 좀 살 수 있을까요?" 여성이 우쉬를 쳐다보더니 충격이 가시지 않은 얼굴로 말했다. "네, 아직 깨진 유리가 쏟아지지 않은 치즈가 몇 개 있네요. 팔 수 있는 게 좀 있어요."

당시 상황에서는 전혀 어울리지 않는 이 이상한 대화로 어색한 분위기가 많이 누그러졌다. 우쉬와 여성이 이야기를 나누기 시작했다. 우쉬는 마을 동물들이 여진을 예측할 수 있는지를 확인하고 싶다고 말했다. 여성은 농장으로 가더니 농장 주인인 시어머니를 모시고 왔다. 발을 절뚝이며 다가온 할머니는 주진主震에서 간신히 살아남았다며, 지진이 일어났을 때 낡은 집의 가파른 계단에서 굴 러떨어졌다고 말했다. 지진으로 인한 충격파가 너무 강해서 계단 난간을 붙잡을 수 없었고, 넘어지면서 다리를 심하게 다쳤다. 그럼 에도 우쉬의 말에 관심을 보이며 다친 몸을 이끌고 온 것은 아버지 께서 동물들이 지진이 일어날 때를 감지하기 때문에 그들을 잘 살 펴봐야 한다는 말씀을 하셨기 때문이었다(그도 자식들에게 이 이야 기를 들려주었다). 헛간에 있는 소가 땀을 흘리며 초조하게 걷는다 면 조심하라는 이야기였다.

이번 지진에서 이 농부 가족은 아무런 낌새도 맡지 못했다. 지진 이 이른 아침 시간대에 발생했고, 지진 발생 12시간 전인 전날 오 후 젖을 짤 때도 소들은 아무렇지 않았기 때문이다. 농부는 지진으 로 불안정한 소를 진정시키기 위해 와인에 설탕을 섞어 먹였다고 말했다. 지진으로 스트레스를 받은 젖소는 젖의 양이 확연히 줄거 나 젖의 질이 떨어지며, 또 새끼를 사산하거나 한동안 송아지를 배 지 못하는 등 장기적인 후유증을 보일 수 있기 때문에 이러한 처 치가 중요하다고 말하는 모습이 매우 인상적이었다. 이 또한 아버 지가 전해준 지혜였다. 아버지는 자신의 할아버지에게서 지진으로 스트레스를 받은 소에게 설탕을 넣은 적포도주를 먹이면 빠르게 효험을 볼 수 있다고 전해 들었다고 한다. 소들은 설탕을 탄 적포 도주를 잘 먹고 정말 진정이 되었다. (나에게도 같은 효과가 있을 것이라고 생각했다. 대부분의 독일 명절 시장에서 파는 뱅쇼를 마셔본 경험에서 나온 이야기다.)

이후 농부는 우리를 헛간으로 데려가더니 소를 보여주었다. 맨처음 가리킨 소는 베르타였는데, 농장에서 가장 예민한 소라고 했다. 베르타는 와인 처치를 받은 후 진정되었지만 여전히 땀을 흘리고 있었고, 다른 많은 소들도 땀을 줄줄 흘리고 있었다. 우리가 소들을 지켜보고 있는 동안 다른 가족들이 잠깐 들렀고, 우쉬는 가족들에게 이제 여러분 모두가 알고 있는 휴대전화 기술을 통해 동물들을 지속적으로 모니터링할 수 있는 방법이 있다고 말했다. 동물들을 모니터링하는 것에, 특히 자기 마을에 중요하다는 것에 공감한 가족들은 동물에 인식표를 부착하는 것을 허락하고 심지어 격려해주었다.

6년간의 기다림 그리고 2주마다 인식표를 충전한 끝에 마침내 동물에게 인식표를 부착할 수 있었다. 소들이 모두 민감하지는 않다는 농부의 말에 따라 모든 소에 인식표를 달지는 않았다. 하지만 대표 소인 베르타에게만큼은 데이터 자동기록기를 확실히 부착했다. 또한 양 몇 마리, 농장 개 네 마리 중 두 마리, 가장 민감한 닭다섯 마리와 칠면조 두 마리, 토끼 네 마리 중 한 마리에도 인식표를 달았다. 이들 모두 농부 가족들이 어떤 일이 일어날지 알아보기위해 선택한 개체들이었다. 28년 전, 베네수엘라 쿠마나에 갔던 나는 쿠에바델구아차로 밖에 앉아, 동물들을 보고 지진이 곧 온다는 낌새를 알아차렸던 원주민에 관한 이야기를 읽었다. 2016년, 여러번의 실패 끝에 동물의 행동을 직접 관찰할 기회가 마련되었다. 아니, 이번에는 관찰했으면 하는 마음이었다.

깨진 유리 조각이 들어가지 않은 치즈 전부와 깨지지 않고 멀쩡한 병에 담긴 맛있는 송로버섯 몇 개를 구입했다. 그런 다음 우리는 멋진 안젤리 가족과 작별하고 차를 몰아 주진의 진원지에 가까워 많은 피해를 입은 이웃 마을 노르시아로 향했다. 여진이 오는 것을 경험하기 위해 일반 지역에 거처를 마련했다. 땅이 흔들리면 두려움이 몰려올 것이라 생각했지만, 동물들이 어떤 느낌을 받았을지 짐작할 수 있을 것 같아 경험해보고 싶었다. 우리도 다른 동물들처럼 여진이 곧 일어난다는 것을 감지할 수 있을까?

노르시아 마을 광장 바로 바깥에 차를 댔다. 놀랍게도 옛 마을 성곽 바로 안쪽에 있는 피자집 중 한 곳이 다시 영업을 하고 있었다. 주인장은 가게 안에 앉아도 되지만 지진이 일어나는 징후가 나타나면 밖으로 나가 마을 광장에 모여야 한다고 했다. 광장은 안전할 거라고 했다. 마을 교회는 수많은 지진을 겪고도 살아남아 튼튼하게 서 있었다. 우리는 저녁으로 맛있는 파스타를 먹었다. 여진은 없었다. 식사 후 마을 외곽으로 차를 몰고 양들이 풀을 뜯고 있는 목초지로 갔다. 밤에 여진이 일어나면 지진이 오는 것을 느낀 양들이 우는 소리가 들릴지도 모른다고 생각했다.

당시는 안전이 전혀 보장되지 않은 건물 안에서 자고 싶지 않았던 터라 연구소의 폭스바겐 밴에서 잠을 잤다. 안전하고 편안하게 밤을 보냈다. 양들의 움직임도 없었고 양들의 소리도 들리지 않았다. 여진도 없었다. 보통 지진 발생 후 이틀 안에 큰 여진이 발생하기 때문에 조금 이상했다. 지진을 기다리며 하루를 꼬박 보냈다. 아무 일도 없었다. 결국 둘째 날 저녁, 우리는 연구소로 돌아갔다. 차를 몰고 독일로 돌아간 다음날 아침, 여진이 아니라 완전히 새로운 지진이 시작되었다는 소식과 함께 눈을 떴다. 그중 첫 번째 지진으로 노르시아 마을 교회 첨탑이 완전히 파손되었고, 그 잔해가 며칠 전 피자집 주인이 모이라고 했던 광장으로 쏟아져 내렸다.

3주 뒤 우리는 데이터를 다운로드하기 위해 다시 농장으로 갔다. 안젤리 가족의 농장 동물들이 정말 이번에 일어난 새로운 지진을 예측했는지 확인하고 싶어 안달이 났다. 안젤리 가족은 동물들이 위험이 온다는 것을 알렸다고 말했는데, 우리도 데이터에서 이를 확인했다. 주진이 발생하기 몇 시간 전부터 농장에 혼란이 일었다. 평소에는 축사에서 약간씩 움직임이 있었지만, 지진이 발생하기 몇 시간 전에는 소들이 그대로 얼어붙었고, 이 때문에 농장 개들이 극도로 긴장했다. 축사에 쥐 죽은 듯 정적이 흐르자 개들이 사납게 짖으며 뛰어다니기 시작했고, 양들은 불안에 떨었다. 그러더니 소들이 축사 안을 이리저리 돌아다니며 점점 더 흥분하기 시작했다. 거의 한 시간 동안의 동물 활동량을 합쳐보니 평소보다 50퍼센트 정도 높았다. 가축에게 먹이를 줘본 사람은 먹이를 줄 때 잠깐 동물들이 우르르 함께 움직인다는 것을 안다. 하지만 거의 한 시간 동안 계속해서 움직이는 것은 극히 드문 일이다. 이 모든 일이 대지진이 발생하기 몇 시간 전에 일어났다.

물론 이는 농장 한군데에서 한차례 일련의 지진이 일어나는 동안 진도 4 이상의 여진 8회 중 7회만 동물들이 예측한 것이었다. 그럼에도 동물들은 여진이 발생하기 몇 시간 전에 이를 예측했다.

이는 약 200년 전 훔볼트가 원주민들로부터 수집하고 기록한 정보, 즉 동물들이 지진이 임박했음을 집단적으로 알려줄 수 있다는 이야기가 실제로 옳을 수 있다는 강력한 암시였다. 나중에 데이터를 자세히 살펴보니 동물들은 반경 약 20킬로미터 이내의 지진만 예측할 수 있었다. 직관적으로 보기에 납득이 갔다. 반경 20킬로미터를 벗어나면 지진은 동물에게 큰 영향을 미치지 않기 때문이다.

우리는 인식표를 충전한 다음 같은 동물에 거의 1년 동안 부착해두었다. 나중에 이 데이터를 토대로 저명한 과학 저널에 논문을 발표했다. 예상했던 대로 너무 섣불리 연구 결과를 발표한 것 아니냐며 엄청난 비판이 쏟아졌다. 우리는 현지 마을의 지진 발생 전과 발생 중, 그리고 발생 후의 동물 활동에 대한 상세한 타임라인을 가지고 있었다. 하지만 한군데에서 발생한 지진에다 작은 농장 한 곳에서만 관찰한 것도 사실이었다. 또한 농장에 지진 장비가 없었기 때문에 약 5킬로미터 떨어진 지진 관측소의 데이터를 사용해야 했다. 우리의 연구가 완벽하지는 않았지만 좋은 출발이었다. 당시 이탈리아의 농장뿐만 아니라 세계 곳곳의 다른 잠재 재난 지역에 있는 동물에게 일반 GPS 인식표가 아닌 이카루스를 부착했다면 동물의 지진 예측에 대한 지식이 훨씬 더 풍부해졌을 것이다. 우리는 수많은 대형 자연재해가 발생하기 전에 동물의 활동과 행동을 거의 실시간으로 관찰하고 어떤 동물이 임박한 재해를 경고하는지 알 수 있을 것이다.

훔볼트 이후 200년, 내가 베네수엘라 동굴 밖에 앉아 있던 때로부터 28년 뒤, 우리는 정확히 표본 하나를 확보했다. 하지만 이탈리아 지진 사례는 동물을 더 관찰할 수 있는 예비 증거를 충분히 마련함으로써 이미 동물에 의지하면서 사는 농부들이 낮이든 밤이든 언제나 동물의 말을 해독할 수 있는 더 나은 도구를 주었다고 확신한다. 물론 지진이 아닌 다른 이유로 동물이 이상하게 행동했을 가능성도 있다. 그 질문에 대한 답을 찾으려면 더 많은 시간이 필요하고 더 많은 연구가 진행되어야 할 것이다.

연결된 지구

21 동물 인터넷의 미래

동물 인터넷은 아직 걸음마 단계에 있지만, 우리는 일반 인터넷이 전 세계의 정보를 연결하는 데 얼마나 강력한 힘을 발휘할 수 있는지 보았다. 전 세계 어디서나 친구들과 쉽게 소통하지 못하고 도서관에 가서 직접 자료를 찾아야 했던 시절, 또는 이런저런 정보를 찾기 위해 전 세계를 여행해야 했던 시절로 돌아가는 것은 상상하기도 힘들다. 그 시절 우리 책상 위에는 고대 이집트의 파피루스 두루마리처럼 종이 더미가 쌓여 있었다(다만 그 양은 훨씬 더 많다).

모든 인터넷 애플리케이션이 극히 실용적이긴 하지만 그것만 있는 것은 아니다. 행동 패턴을 인식하는 알고리즘이 나오면서 이제 인터넷을 이용해 인간의 행동을 예측할 수 있게 되었다. 이는 우리에게 이미 익숙한 직감을 인공지능이 재창조한 것이라고 생각할 수 있다. 우리는 직감이 정확히 어떻게 형성되는지 알지 못하지만, 이렇게 직감이 형성됨으로써 우리가 다음에 어떤 행동을 할지 예측할 수 있는 행동 패턴이 생겨난다.

동물 인터넷은 더 많은 데이터를 수집함에 따라 현재 인간의 행동을 예측하는 데 사용하고 있는 알고리즘과 거의 동일한 방식으로 동물 행동의 패턴을 만들어낼 것이다. 이미 온라인에는 자연사박물관의 데이터, 동물의 공간적 분포 데이터, DNA 염기서열, 질병, 종과 개체의 보존 상태 및 위협에 관한 데이터 등 방대한 양의 동물 데이터가 모여 있다. 동물 인터넷의 핵심은 이러한 정보를 지금 이 순간 세계 곳곳에서 활동하는 개별 동물의 행동과 연결할 수 있다는 것이다. 오늘날 정보 수집 장치(휴대전화)를 연결해 정확하고 실시간으로 이용 가능한 교통 패턴을 생성하는 교통 앱과 거의 비슷한 시스템을 구축할 수 있게 되었다. 데이터의 양, 정확성, 시의성이 결합해 15년 전만 해도 상상할 수 없던 애플리케이션을 만든 것이다. 그뿐만 아니라 이들 데이터를 통해 미래의 교통 패턴을 예측할 수 있다.

동물 인터넷의 힘은 정보의 수집, 처리, 분석이 지구 곳곳에서 상향식으로 나뉘어 이루어진다는 사실에서 나온다. 동물을 연구하고 동물의 행동을 해석할 수 있는 사람들은 누구나 이용할 수 있는 범지구적 도구에 자신의 정보를 입력할 수 있다.

불과 몇 년 전 바이에른과학아카데미 회의에서 일부 참가자들이 휴대전화의 보행자 내비게이션 앱을 사용했던 것처럼, 날로 발전하는 동물 인터넷의 진정한 힘은 현재로서는 상상할 수 없을 정도다. 예를 들어, 동물 인터넷을 요즘 나오는 자동차의 레이더 센서처럼 인간이 만든 다른 센서에 연결해 도로를 따라 야생동물을 모니터링하거나 곤충의 존재(또는 부재)를 보고할 수도 있다. 홈 보안 및 야생동물 카메라는 이미 자연 및 비자연 서식지를 이동하는 야생동물을 촬영하는 데 사용되고 있다. 동물 인터넷은 이렇게 수집된 데이터를 배회하는 반려동물과 인식표가 부착된 야생동물의 데이터와 결합해 주민과 의사결정권자에게 지역 야생동물 문제에 관한 이야기를 환기할 수 있다. 또한 이미 종 보존에 관한 결정을 내리는 데 야생동물 카메라의 정보를 사용하고 있긴 하지만, 이러한 데이터와 동물 인식표로부터 얻은 밀렵에 관한 정보를 실시간으로 결합할 수 있다면 이들을 보호하려는 노력에 훨씬 더 큰 진전을 이룰 것이다. 다른 잠재 응용 분야도 있다. 동물 인식표는 자연재해와 기상 이변을 예측하는 데 이미 사용하고 있는 센서를 보완할 수 있으며, 동물 인식표를 통한 질병 모니터링은 세계적인 팬데믹으로 확산할 수 있는 질병에 한발 앞서 대응하는 데도 도움이 될 수 있다.

여기서 동물 인터넷을 다른 방식으로 시각화해보자. 지구를 하나의 인체라고 가정하고, 인체의 각 세포가 세포 인터넷으로 연결되어 있다고 상상해보자. 면역세포는 병원균을 감지하고 그 결과를 자율신경계에 전달하는데, 자율신경계는 상황을 평가하고 적절한 대응을 결정한다. 신경계의 이 부분은 문제가 무엇인지 정확히 알지는 못하지만 좋지 않은 상황이 벌어지고 있다는 것을 파악하고 위협을 무력화하기 위한 대응을 시작한다. 바로 이 부분에서 동물 인터넷을 활용할 수 있다. 우리는 아직 개별 동물의 경고 신호에 대해 자세히 알지 못하지만, 마치 인체의 면역세포처럼 동물들도 숙주가 건강해야 자신들도 고통받지 않는다는 중요한 이해관계를 맺고 있다. 이것이 우리가 자연과 협력할 수 있는 방식이다. 우리가 좋은 삶을 누리려면 자연을 행복하게 유지해야 한다. 우리 몸속의 면역세포든 지구를 돌아다니는 동물이든, 우리는 우리의 파수꾼을 존중하고 보살펴야 한다.

동물 인터넷은 어떻게 발전할까? 내가 보는 바는 이렇다. 우리는 매일 지구에 대한 '라이프캐스트lifecast'를 받게 될 것이다. 일기예보와 비슷하지만, 전 지구적인 규모로 이루어질 것이다. 매일 24시간 보고되는 실시간 스트리밍으로 지구 생명체의 상황을 전할 것이다. 이를테면 이런 식이다.

차드 남서부에서 사막메뚜기desert locust 떼가 또다시 대규모로 출현했음을 황새white stork와 솔개black kite가 알려왔습니다. 히말라야 중부의 흰목대머리수리griffon는 폭풍이 다가오고 있음을 경고하고 있어 에베레스트산 등반 원정대는 베이스캠프에 머무르는 것이 좋겠습니다. 바닷새에게서 날아온 좋은 소식입니다. 폴리네시아와 환태평양 지역의 가넷Gannet, 군함조, 검은등제비갈매기는 해양 자원이 풍부해 번식하기에 좋음을 알려 올해는 엘니뇨 현상이 없을 것으로 전망하고 있습니다. 필리핀 피나투보산 주변의 앵무새, 염소, 여우, 벌, 뱀은 평소와 마찬가지로 활동하고 투덕거리고 있어 오늘이나 내일 화산 활동과 관련해서는 큰 변화가 없을 것으로 예상됩니다. 하지만 캄차카의 코랴크스키 화산 주변의 참수리sea eagle와 산미치광이 porcupine는 이례적으로 활발하게 움직이고 있습니다. 따라서 큰 화산 폭발이 있을 것으로 예상됩니다. 해당 지역의 사냥꾼 열다섯 명과 공원관리인 두 명 모두에게 통보했습니다.

긴급 메시지를 전하기 위해 보도를 잠시 중단합니다. 아체주 서해안에서 약 100킬로미터 떨어진 인도양 동부에 위치한 인도네시아의 작은 섬 시물루에에 사는 동물들의 움직임을 보니 앞으로 큰 쓰나미가 몰아닥칠 것으로 예상됩니다. 시물루에와 인근 아체 해안 지역 주민들에게 동물들을 따라 고지대로 대피하라는 긴급 경보를 발령합니다.

계속해서 제보가 들어오고 있습니다. 중국 포양호의 집오리가 질병의 징후를 보이고 있으며, 홍콩 주변과 인도네시아, 대만에서 이 지역을 통과하는 철새 오리가 발견되고 있습니다. 우리는 의료 기술 팀을 호수로 보내 오리들의 배설물 표본을 채취해 어떤 종류의 조류독감인지 확인하려고 합니다. 내일 소식이 들어오면 철새가 어디로 이동해 질병을 퍼뜨릴지 예고하겠습니다.

질병 관련 추가 소식입니다. 잠비아에서 가나로 이동하는 볏짚색과일박쥐 straw-colored fruit 두 마리가 지난 며칠 동안 콩고민주공화국의 동부 숲에 머물러 있었습니다. 이 박쥐들의 센서에 따르면 현재 에볼라 바이러스의 변종에 대항할 수 있는 항체 생산량이 매우 높은 것으로 나타났습니다. 다른 많은 과일박쥐, 일부 코뿔소, 몇몇 보노보에서 얻은 데이터를 토대로 에볼라 발병의 명백한 숙주인 것으로 추정되는 지역을 예의주시하고 있습니다. 콩고 열대우림의 늪지대인 이곳은 거의 접근이 불가능한 지역으로 보입니다. 이곳에 타란툴라, 사자타마린lion tamarin, 뻐꾸기 등을 이용한 현지 감시 시스템을 설치할 예정입니다.

하지만 이게 다가 아니다. 동물의회라는 아이디어는 모든 주요 동물 종 대표들이 모여 자신들도 목소리를 내고 싶다는 결정을 내린 뒤 모이는 것을 다룬 동화책에서 유래했다. 좋은 소식은 더는 물리적 모임이 필요하지 않다는 것이다. 현대 기술 덕분에 전 세계 수천 종, 수십만 마리의 동물이 참여할 수 있는 온라인 동물의회가 가능해졌다. 그날그날의 동물의회에서 어떤 논의가 이루어질 수 있을까? 여기에 가능성이 있다.

유엔은 오늘 동물을 위한 글로벌 은행시스템을 구축해달라는 동물의회의 요청을 받아들였습니다. 이제 동물들은 지역 사회에 기여한 서비스를 토대로 금액을 산정한 은행 계좌를 각자 보유할 수 있게 되었습니다. 각 동물 계좌에는 초기 예치금이 지급됩니다. 지역 주민들은 이 계좌에서 개별 동물을 보호하고 안전하게 지키는 대가로 보수를 지급받습니다. 동물의회 협의회는 동물의 건강과 안녕을 전 세계 어디에서든 원격으로 언제든지 확인할 수 있기 때문에 동물을 직접 보호하는 일에 대한 보수 지불이 마침내 가능해졌다고 밝혔습니다.

개개 동물을 위한 은행 계좌 아이디어는 시대를 앞서간 사상가 조너선 레드가드Jonathan Ledgard가 제안한 것이다. 《이코노미스트》의 아프리카 특파원이자 편집자인 조너선은 수십 년 동안 현장에서 보존 문제를 지켜본 사람이었다. 아이디어의 밑바탕에 깔린 원리는 간단하다. 은행가와 재보험업자는 정치인보다 훨씬 더 장기적인 사고를 토대로 전략을 세우고 계산을 한다. 이 분야에는 자체 분석가와 싱크탱크think tank가 있으며, 수 년 혹은 수십 년 이후를 내다보는 계획을 세운다. 이들이 던지는 질문은 이렇다. "50년 혹은 100년 뒤에도 은퇴 자금을 지급할 수 있는 재원이 재보험 시스템에 충분히 남아 있을까?" 그러기 위해서는 자연이 온전하게 유지되어야 한다. 자연이 무너지면 모든 것이 무너진다. 자연을 보호하는 가장 쉽고, 가장 저렴하며, 가장 신뢰할 수 있는 방법은 언제 어디서나 동물들이 자유롭고, 안전하고, 행복하게 돌아다니도록 하는 것이다.

이를 위해 혹자는 전통적 방식을 따라 더 많은 국립공원을 조성하고, 때로는 거의 군사적 수단을 동원해 외부의 악당과 사악한 손길로부터 보호구역을 지키자는 유혹을 받을 수도 있다. 국립공원은 원칙적으로 훌륭한 것이고, 당연히 지켜야 하지만, 현재 인류세 시대의 인간 활동에 큰 영향을 받는 세계 곳곳에서 동물과 이들이 깃들어 살고 있는 천연자원을 보호할 수 있는 훨씬 더 유연하고 더 나은 방법이 필요하기도 하다.

전 세계, 특히 아프리카의 많은 지역처럼 여전히 거대 동물들이 서식하는 지역에 사는 많은 사람들은 상시 고용 상태가 아니다. 이들이 생계를 유지하는 가장 쉬운 방법은 주변에 서식하는 동물을 '수확하는' 것이다. 하지만 이 상황을 바꿀 수 있는 방법이 있다. 새로운 상향식 글로벌 동물보호단체의 주체가 되는 것이다. 이들은 동물의 생명을 직접 보호할 수 있다. 기린이 여전히 돌아다니는 잠비아의 외딴 지역에 사는 마을 주민을 생각해보자. 이 마을 사람들은 기린을 입양할 수 있는데, 그 이유 중 하나는 마을 사람들 다수가 기린을 좋아하고, 또 하나는 돈을 벌 수 있기 때문이다. '자신들의' 동물이 무탈하게 지내면, 이 마을의 동물 보호자들은 매일 휴대전화로 즉시 돈을 받는다. 오늘날 휴대전화는 전 세계 거의 모든 곳에서 생활의 일부가 되었기에 가능한 일이다.

지금까지 이러한 지급 시스템의 가장 큰 걸림돌은 검증이었다. 은행과 재보험 부문에서는 동물이 세계 어디에 있든 안전하고 건강하다는 것을 어떻게 확인할 수 있을까? 이카루스와 동물 인터넷이 바로 그 역할을 할 것이다. 이들 동물들로부터 계속해서 소식을 받기 때문에 가능하다. 그뿐만 아니라 일반 휴대전화와 마찬가지로 동물의 전자 인식표에 있는 데이터를 훔치거나 손상시키거나 조작할 수 없다. 보호해야 할 동물을 죽이고 자기가 기린이나 사자, 박쥐인 척 이 동물의 은행계좌에서 부당하게 돈을 수령하는 것은 불가능하다. 따라서 보호해야 할 동물이 스트레스를 받거나 아프거나 고통을 받아 이주하면, 동물 인터넷의 보고 시스템에서 즉각적인 대응이 이루어진다. 매일 지급되던 돈이 중단되고 직업과 생계를 잃는다. 반대로, 여러분과 지역 주민들이, 어떻게 보면 자기들을 보호하도록 고용한 야생동물의 행복을 보장한다면, 평생 안전하고 좋은 일자리를 갖게 될 것이다.

이와 같은 범지구적 계획의 훌륭한 점은 동물이 이제 자기들이 서식하는 환경을 지키는 수호자이자 자신의 미래를 스스로 만들 수 있도록 도움을 준다는 것이다. 동물에게는 건강하고 안전하게 지닐 수 있는 자연 환경이 필요하다. 동물보호 배당금 제도는 전 세계 부의 일부를 지역 주민이 보호하는 동물의 직접적인 행복을 위해 투자하는 제도다. 이 동물은행 제도처럼 동물이 자신의 운명을 스스로 결정할 수 있도록 길을 열어준다면 동물보호를 위한 새롭고 흥미로운 선택지가 놀라울 정도로 많이 생긴다. 이 모든 선택지는 동물 인터넷, 말하자면 개개 동물이 우리와 직접 소통할 수 있다는 전제 조건이 선행되어야 가능하다.

범지구적 동물은행은 모든 동물의 이익을 보호하기 위해 동물의회가 어떻게 기능할 수 있는지에 대한 아이디어 중 하나일 뿐이다. 몇 년 뒤, 혹은 10년이나 20년 뒤, 여성에게 투표권이 주어지지 않았던 과거를 돌아보듯 동물의회가 없던 시절을 되돌아볼 것이다. 전체적인 권력 시스템이 바뀌어야만 했고(몇몇 지역에서는 여전히 변화가 필요하다), 그래야만 진정한 인류로 거듭날 수 있었다. 흥미롭게도 유럽에서 남성만 참정권이 있었던 마지막 지역인 스위스의 아펜첼은 1990년 4월 마침내 여성에게도 투표권을 부여했다. 지금 돌이켜보면 상상도 할 수 없는 일이다. 지구 역사에서 인류가(당시 대부분의 인류가) 일부 인간에게는 다른 인간과 같은 권리가 없다고 결정한 훨씬 더 암울했던 시기를 떠올리는 것은 어렵지 않다. 모든 인간은 평등하며 지구상의 모든 인간에게 불가침의 인권이 있다는 생각이 확립된 과정은 지난하고 고통스럽고 느렸으며, 지금도 여전히 진행 중이다. 이른바 세계화 시대를 살고 있는 지금도 지구촌 곳곳에서 평등권 문제가 해결되지 않고 있다는 사실은 도무지 이해하기 힘들다. 하지만 진보를 향한 흐름은 멈출 수 없으며 이러한 흐름은 삶의 모든 측면에 영향을 미치고 있다. 전반적으로 인류는 다른 생명체를 돌보는 방향으로 나아가고 있다. 이것은 실현될 것인가 아닌가의 문제가 아니라 언제 실현될 것인가의 문제다.

동물들이 더는 고통을 당하거나 인간들의 먹이로 사냥당하지 않는다는 이야기가 아니다. 하지만 인간들이 나서서 동물들을 핍박하지 않고, 인간이 자신들의 삶을 개선하기 위해 내리는 결정으로 동물들이 불이익을 받지 않는다는 것을 깨닫게 되면, 동물들의 삶에는 훨씬 스트레스가 줄어들 것이다. 우리는 인간과 동물의 스트레스 연구를 통해 이와 같은 즉각적인 스트레스 감소에 대해 알고 있다. 우리는 자신의 삶을 통제할 수 없을 때 가장 심한 스트레스를 받는다. 스스로 통제권이 있고 자연이 의도한 방식대로 자신의 환경에서 살아갈 수 있다면, 스트레스 수준이 훨씬 낮아지고 더 행복하고 건강하며 삶의 잠재력을 최대한 발휘할 수 있다. 풍요로운 환경에서 살다가 놀이를 시작한 북극여우나 내가 자신을 위협하지 않을 것이라는 확신이 들었을 때 텐트에 들어와 돌아다닌 갈라파고스의 쌀쥐를 생각해보라.

종간 시대를 맞아 우리는 처음으로 소형 전자기기를 들고 다니는 동물 대표에게 지구 곳곳에서 일어나는 이야기를 들려달라고 함으로써 동물의 말을 진정으로 듣고 그들의 필요와 우려를 이해할 수 있게 될 것이다. 인공지능은 동물이 하는 말을 해석하는 훨씬 더 발전된 수단이 되겠지만, 꼭 필요한 것은 아니다. 우리에게는 이미 동물의 건강과 행복, 행동을 해석할 수 있는 사람들이 있다. 서구 식민지 개척자들의 온갖 탄압에도 불구하고 세대를 거쳐 전해 내려온 지식을 소중히 여기고 보호해온 원주민, 말을 잘 다루는 사람들, 개와 소통하는 능력을 가진 사람들, 부탄의 불교도, 그리고 자신이 연구하는 동물에 깊은 애정을 가진 모든 생물학자 및 환경 보호 활동가들이 바로 그들이다. 사람들은 항상 주변에 더불어 사는 동물의 이야기에 귀 기울이고 그들이 말하는 것을 이해할 수 있는 능력을 가지고 있었지만, 이제 지구 역사상 처음으로 전 지구적 규모로 이를 수행할 수 있는 기회가 마련되었다. 이렇게 서로 연결된 지식의 네트워크는 세상에 큰 변화를 가져올 것이다. 전 지구적 규모로 세상을 감지할 수 있다면 정보의 질이 달라질 것이고, 이전에는 존재조차 몰랐던 삶의 다양한 측면에 대해 배울 수밖에 없을 것이다. 여기서 내가 하고자 하는 일은 지구적 감지 시스템을 우리의 일상적 삶의 당연한 일부로 만드는 것이다.

더 빠르게, 더 멀리

'이카루스'라는 이름이 우주 시스템에는 어울리지 않는다는 말을 많이 들었다. 하지만 내 대답은 항상 같다. "우리 이카루스는 태양에서 멀리 떨어진 지구 저궤도에서 날고 있어요. 드디어 이카루스가 날개를 펴고 진정으로 날아오를 때가 되었습니다."

2022년 봄, 러시아의 우크라이나 공습이 시작되었을 때, 이카루스에 대한 믿음이 거의 없던 사람들은 또다시 "그 이름이 모든 것을 말해준다."라고 떠벌렸다. 하지만 전쟁은 발명의 어머니이기도 하다. 2023년 6월, 우리 팀은 우주에서 또 다른 실험적인 추적 시스템을 테스트하기 시작했다. 이는 우주에서 야생동물을 추적 관찰하는 선구적인 프로그램이 재개될 것임을 알리는 신호탄이었다.

새로운 이카루스 수신기는 큐브샛이라는 초소형 위성에 탑재될 것이다. 사상 최초로 이카루스는 극지방을 포함해 전 세계를 완벽하게 아우를 수 있게 된다. 이 시스템은 새, 박쥐, 해양 파충류, 육상 포유류를 지구 어느 곳에서든지 감지할 수 있게 될 것이다. 시범 테스트 단계를 통해 기초 작업을 마친 이후 새로운 큐브샛 기반

운영 시스템은 2024년 가을에 데이터 수집을 시작할 예정이다.

전쟁으로 인해 시스템을 다시 설계하는 과정에서 최신 기술을 활용했다. 가로-세로-높이가 각각 10센티미터에 무게는 약 2킬로그램인 새로운 이카루스 시스템은 국제우주정거장에 설치한 이전 시스템보다 더 작고 효율적이며 강력하다. 국제우주정거장의 시스템은 3미터짜리 안테나와 데스크톱 크기의 컴퓨터로 구성되었지만, 새로운 이카루스 시스템은 이를 20센티미터짜리 접이식 안테나와 엄지손가락 크기의 컴퓨터로 축소했다. 새로운 이카루스 수신기는 에너지 소비를 10분의 1로 줄이는 동시에 네 배나 많은 인식표를 읽을 수 있어 연구자들이 데이터를 다운로드하고 원격으로 더 빠르게 인식표를 재프로그래밍할 수 있다. 이 시스템은 농업 및 물류를 위한 위성 추적 기술을 연구하고 개발하는 뮌헨 소재의 스타트업이 구축할 것이다.

큐브샛은 10세제곱센티미터 크기의 큐브(유닛^{Unit}이라고 한다)를 조립해서 만들기도 한다. 이 유닛을 결합해 1유닛에서 16유닛 크기의 큐브샛을 만들 수 있다. 크기가 작고 상대적으로 저렴한 큐브샛은 대학과 기관에서 전에는 할 수 없었던 연구 임무를 수행하기 위해 점점 더 많이 사용하고 있다. 이카루스는 2024년 임무를 위해 여러 과학 실험(SeRANIS☆ 임무)을 수행하는 좀 더 큰 8유닛짜리 큐브샛의 일부로 탑재되어 우주로 갈 것이다. 더불어 이들은 뮌헨에 본사를 둔 또 다른 스타트업 기업이 운영하는 16유닛 큐브샛의 탑재될 예정이다.

이카루스가 탑재될 큐브샛은 국제우주정거장 그리고 다른 많은 위성과 마찬가지로 지구 저궤도를 비행한다. 지구에서 비교적 짧은 거리에 있는 큐브샛은 하루에 지구를 열다섯 바퀴 돌면서 지구 곳곳을 살필 수 있으며, 지구 대부분을 적어도 24시간마다 한 번은 살핀다. 반면, 국제우주정거장은 남부 스웨덴의 북쪽이나 칠레 최남단 남쪽의 극지방은 포괄하지 못한다. 궤도 경로를 개선함으로써 이카루스 수신기는 동물이 사막, 극지방 빙원, 바다 표면, 하늘

☆ 유럽우주기구에서 진행하는 'Seamless Radio Access Networks for Internet of Space'의 줄임말로, 세계 최초이자 유일한 소형 위성 미션이다. 우주에서 대중이 이용할 수 있는 다양한 기능의 실험실을 제공한다.

등 전 세계 어디에 있든 인식표에서 데이터를 수집할 수 있다. 이렇게 범위가 확대됨에 따라 전 세계 생물다양성을 추적 관찰하는 우리의 임무가 강화되었으며, 기후 변화로 가장 큰 위험에 처한 극지방도 살필 수 있게 되었다.

지금은 우주에 있는 이카루스 수신기 한 대로 하루에 한 번 데이터를 판독해 연구자들에게 동물 행동에 관한 소식을 주기적으로 전한다. 향후에는 이카루스 시스템을 수신기 연결망 형태로 확장해 일일 데이터 판독 횟수를 늘릴 예정이다. 2025년에는 두 번째 이카루스 큐브샛 수신기를, 2026년에는 세 번째 수신기를 발사할 계획으로 준비하고 있다. 목표는 실시간에 가까운 데이터 전송이 가능하도록 수신기를 여러 대 배치하는 것이다. 이는 실시간 데이터를 통해 전 세계의 환경보존 관리자들이 생물다양성을 훨씬 더 효율적으로 보호할 수 있게 한다는 점에서 중요한 의미가 있다.

또한, 이카루스 인식표 자체를 근본적으로 재설계하기 위한 연구를 하고 있다. 현재 우리가 쓰는 인식표는 몇 그램밖에 되지 않는 무게로 동물의 GPS 위치, 움직임 그리고 온도, 습도, 압력 등 주변 환경을 기록한다. 새로운 인식표는 양방향 통신 기능을 추가해 위성을 통해 원격 전송된 명령으로 인식표를 재프로그래밍할 수 있다. 또한, 내장형 인공지능은 동물의 행동을 토대로 어떤 데이터를 수집해야 하는지 '결정'하는 데 도움을 줄 수 있다. 아울러 인식표의 크기와 무게도 현재의 절반 수준으로 축소할 것이다.

러시아-우크라이나 전쟁으로 이카루스 수신기를 빼앗긴 이후 인식표 디자인을 최적화하고 인공지능의 발전을 통합하는 데 1년을 보냈다. 이제 우리는 동물들이 우리에게 가장 중요한 이야기를 더 잘 전달할 수 있도록 도와주는 시스템이라는 비약적인 발전을 이뤘다.

이카루스와 미래의 지구

많은 사람들이 스푸트니크가 우주 탐험의 새 시대를 열 것이라고 생각했다. 실제로 그렇게 되었다. 하지만 대부분의 혁명이 그렇듯 진정한 변화는 모두의 눈앞에 가장 두드러진 모습으로 일어나는 것이 아니다. 진정한 변화와 혁명은 종종 그 힘이 훨씬 더 조심스럽고 미묘한 방식으로 영향을 미치는 조그만 구석에서 일어난다. 동물 원격측정도 마찬가지였다.

산업혁명, 우주혁명, 디지털혁명의 성과로 이제 인류는 지구 위에 사는 생명을 진정으로 성찰할 수 있게 되었다. 우리는 이 행성을 공유하고 있으며, 우리의 삶이 다른 모든 생명체에 의지하고 있음을 안다. 우리는 지구를 지배하는 생명체의 독재자로 살 수는 없다. 다행스러운 것은 우리가 지구상에 거주하는 다양한 생명체의 요구에 귀 기울일 때 우리 모두가 혜택을 누린다는 것이다. 그리 새로울 것 없는 이야기지만, 이런 아이디어를 범지구적 규모로 실제로 적용할 수 있게 된 것은 처음이다. 동물 인터넷으로 지구 곳곳에 사는 동물들의 목소리를 종합해 얻은 지식은 엄청난 시간

과 에너지 그리고 재원을 소모한 외계지적생명체 탐사^{Search for Extra-}Terrestrial Intelligence, SETI 프로젝트로 얻을 수 있는 그 어떤 것보다 훨씬 더 강력한 변화의 원동력이 될 것이다.

우리는 이제 지구 전체가 하나의 생명체와 같다는 것을, 우리 자신이 암적 존재가 되어서는 안 되며, 그렇지 않으면 사라져버릴 것이라는 사실을 깨닫고 있다. 지구상의 생명체를 대하는 우리의 새로운 방식은 단순히 반려동물이나 가축을 돌보는 것을 넘어선다. 모든 생명체의 목소리와 필요에 귀 기울여야 하는 것이다. 어찌 보면 역설적이게도, 이제 우리는 과거의 산업화가 가져온 파괴적 힘―동물의 삶으로부터 인간을 분리시켰던―을 통해 지구에서 살아가는 모든 생명체가 서로 긴밀하게 연결되어 있음을 새삼 이해하게 되었다.

2055년 5월 4일. 우리 딸과 손주들이 저녁 뉴스와 일기 예보를 시청하고
있다. 뉴스가 끝나고 라이프캐스트가 이어지는데 이날은 동물의 이동을
주로 다루면서, 지구촌 곳곳에 있는 동물 대사 셋이 전하는 뉴스를 귀담아
들을 것을 권한다. 뉴질랜드부터 쉬지 않고 8일 동안 알래스카로 날아가는
큰뒷부리도요bar-tailed godwit 테우니스, 콩고 열대우림에서 새끼들에게 가
장 맛있는 열매를 찾는 방법을 가르치는 보노보 니키타, 이탈리아에 있는
마조레호수에서 알프스산맥을 넘어 독일 콘스탄츠를 향해 막 비행을 시작
한 탈박각시death's head hawkmoth 셀린느가 그 주인공이다. 손주들은 전 세계
수백만 명의 다른 아이들과 마찬가지로 기기를 조정해 이 지구촌 곳곳의
동물 대사가 전하는 최신 소식을 접하고, 원격으로 신청한 보호 동물, 아기
코뿔소와 강토끼riverine rabbit의 상태를 확인한다.

지구 곳곳의 인류 문화에서 중요하고 지속 가능한 변화는 때로
급박하게 일어나는데, 결국 뉴노멀new normal이 대다수의 사고방식이
되는 경향이 있다. 우리 중 일부는 납이 들어간 휘발유를 쓰고, 비
행기에서 담배를 피우고, 식당에서 흡연하는 행동이 나중에 어떻
게 바뀌었는지 기억할 것이다. 아직도 많은 상업용 비행기에는 화
장실에 재떨이가 있다. 길거리의 공중전화 부스는 어떨까? 언젠가
아이들이 인도에 있는 노란색 부스를 보고 무엇에 쓰는 것인지 물
어본 적이 있다. 불과 한 세대 만에 한때 당연했던 일들이 당연하
지 않게 되고 우리 기억에서 사라져버렸다.

인류 역사를 보면, 이러한 급격한 사회적 변화는 종교적 변혁이 일어나거나 인류적 사명을 품은 한 인물이 사람들에게 전반적으로 영향을 미칠 때 일어났다. 오랜 친구인 전파천문학자 조지 스웬슨은 외계지적생명체 탐사가 성공한다면 인류 문화에 커다란 변화가 일 것이라고 확신했다. 인간이 외계지적생명체와 만난다면 어떤 일이 일어날지 생각해보라. 우주의 다른 지적생명체와 교류한다면 인간 존재에 대한 관점이 달라질 것이다. 우리는 선택받은 존재가 아니라 수많은 생명체 중 하나에 불과할 것이다.

조지는 항상 외계지적생명체 탐사는 인류에게 중요한 시도로, 만약 성공한다면 단일 사건으로 볼 때 인류 역사에서 가장 혁명적인 사건 중 하나가 될 것이라고 강조했다. 하지만 정말 그럴까? 지구 밖 우주 어딘가에서 우리가 메시지를 수신한다면 정말 흥미롭기는 하겠지만, 하등 쓸모없는 것이 될 것이다. 이 문제는 우리가 아직 해결하지 못한 문제이자 인간의 우주 탐사를 방해하는 문제이기도 하다. 우주와 물리에 대한 현대의 지식에 따르면 시간과 공간은 서로 변환할 수 있다. 아주 먼 어떤 곳에서 전파를 통해(다시 말해 빛의 속도인 초속 약 30만 킬로미터의 속도로) 도착하는 메시지는 엄청난 시간에 걸쳐 아주 먼 거리를 이동했을 것이다. 1000광년쯤은 전혀 먼 거리가 아니다. 아울러 1000년 전에 보낸 메시지에 대한 우리의 응답은 다시 1000년이 걸려야 처음에 메시지를 보낸 존재에게 도달할 것이다. 우리가 메시지를 우주의 정확한 지점에 보내야 한다는 사실은 말할 것도 없다.

이렇게 조금만 생각해보더라도 지구 밖 우주에 있는 외계지적생명체와의 소통은 시공간 여행의 물리적 원리에 대한 새로운 이론이 나오기 전에는 실현 가능성이 거의 없음을 알 수 있다. (마찬가지로 인류의 주요 우주 비행 프로그램 역시 인간이 거주할 수 없는 가장 가까운 이웃 행성까지 가는 데도 거의 무한에 가까운 시간이 걸린다. 우주여행을 시작하기 전에 더 빠른 이동 시스템을 개발하는 것이 현명할 것이다.)

전반적으로 지구 밖 우주에서 답을 찾거나 획기적이고 새로운 아이디어를 기대하는 것보다 더 나은 방법을 찾아야 한다. 동물이 들려주는 이야기에 귀 기울이면서 우리가 배운 것은, 동물은 지구의 생명체에 대해 우리 인간과는 완전히 다른 관점을 가지고 있다는 것이다. 동물의 목소리에 귀 기울이는 것은 사실 지구 밖 우주에서 들려온 그 어떤 메시지보다 인간의 사고방식을 더 근본적으로 뒤바꿀 것이다. 동물이 전하는 이야기를 듣고 그들의 목소리에 진정으로 귀를 기울이기 시작하면, 인간이 만물의 영장이라는 (적어도 서구 세계의) 뿌리 깊은 문화적 인식은 쉽게 사라질 것이다. 아직 미심쩍어하는 사람들도 결국 우리가 우주(우리 행성 전체 혹은 하나의 전체로서의 더 큰 우주)에 존재하는 수많은 생명체 중 하나에 불과하다는 사실을(이런 생각이 문화적으로 뿌리내려야 한다) 받아들이게 될 것이다. 점점 더 빠르게 선택의 여지가 줄어들고 있다. 인류세로 우리를 이끈 태도는 이제 지구의 미래를 위기에 빠뜨리고 있다. (물론 많은 종말론자들이 잘못 생각하는 것처럼 지구 생명 자체의 미래가 위기에 처한 것은 아니다.) 지구는 수많은 파국적 재난을 겪어왔지만 그와 같은 재앙에도 어떤 생명체는 영겁의 세월을 견뎌온 지구에서 항상 생존하고 번영해왔다. 위험에 처한 것은 바로 우리의 미래다.

우리의 생각과 삶을 뒤바꿀 동물의 지적 능력에 귀 기울이는 것은 외계지적생명체를 찾는 데 따라오는 시공간의 문제도 해소할 수 있다. 동물 인터넷에 접속하면 우리는 지금 당장 동물의 목소리를 들을 수 있다. 지금 이 순간의 목소리뿐만 아니라 동물이 진화하는 과정에서 축적해온 집단적 지식을 전해 들음으로써 우리는 아주 오래된 지혜의 방대한 저장고에 접근할 수 있다.

이 책 전반에서 나는 동물의 목소리를 들을 때 일어나는 인식의 변화를 강조하려 했다. 여기에는 동물들이 우리가 생각하는 것보다 훨씬 더 자신의 환경과 서식처를 잘 알고 있다는 사실을 이해하는 것과 같은 단순한 것들도 있다. 이를테면 갈라파고스 산타페섬의 작은 쌀쥐는 내가 상상했던 것보다 훨씬 더 빨리 나의 텐트로 돌아왔다. 하지만 우리는 동물들이 서로 끊임없이 소통하고 있다는 사실도 배웠다. 지진을 감지하는 소 베르타는 농장의 다른 모든 동물들과 끊임없이 소통하고 있음을 보여주었다. 그리고 찌르레기들은 겨울철에 어떤 새가 풍부한 먹이처를 찾았는지 무리 지어 날면서 서로 알려준다. 이 세 가지 이야기는 동물에게 이른바 여섯 번째 감각이 존재한다는 통찰을 우리에게 준다. 이는 개체 혼자서 지능을 발휘하는 것보다 집합적으로 사용할 때 더 많은 정보를 얻을 수 있음을 보여주는 사례일 뿐이다. 철새가 이동하는 고속도로에서 다른 새들의 소리를 듣는 작은 명금류는 동물 간의 소통 시스템이 개체들에게 (집단이 아니라면 터득할 수 없는) 지식을 전달하는 방법을 보여주는 단순하지만 강력한 사례다.

하지만 동물의 지능에서 배울 수 있는 가장 중요한 교훈은 동물은 여전히 우리 대부분을 식민주의자—자신들의 영역을 침범하려는 침입자—로 여긴다는 점이다. 반면 우리는 우리 인간이 상황을 진전시키고 변화를 만들어낸다고 믿는다. 나는 황새 한지나 장난기 많은 북극여우—이 두 동물은 인간을 길들이는 데 능했다—를 알기 전까지는 인간이 동물을 길들인다고 믿었다. 박식하고 나이든 백인들의 생물학 교과서가 나에게 각인시킨 것이 바로 이것이다. 동물이 들려주는 이야기에 귀 기울이면 우리의 좁은 세계관을 새롭게 바라볼 수 있을 것이다.

대부분의 원주민 문화권에서 이미 오랫동안 인정해온 동물의 집단적 지능에서 우리가 받아들여야 할 핵심적 변화의 원리는 지구상의 생명체가 하나부터 열까지 온전히 서로 연결되어 있다는 사실이다. 이 개념을 받아들이고 우리 것으로 만들 때, 우리는 지구라는 행성에서 안전하게 살 수 있고 밝은 미래를 기대할 수 있을 것이다. 분명 이 하나뿐인 행성은 항상 우리의 집이었다. 이제 우리는 이 앎을 받아들이고 행동해야 한다. 과거에는 인구가 적고 공간이 넉넉했기 때문에 지구라는 집을 하나의 단위로 관리할 필요가 없었다. 모든 마을 공동체, 이후의 왕국, 그리고 오늘날의 국가들이 자신만의 규칙과 절차에 따라 생활해도 문제가 없었고, 때로 이들 규칙과 절차는 지구 전체의 생명체가 필요로 하는 것과 상충하기도 했다. 지역 시스템에 집중하는 것이 가능했던 이유는 지역적 결정이 지구적 시스템에 미치는 영향이 아주 미미했기 때문이었다. 그러나 이제 인류세에 들어서면서 인류가 생명체 전체에 미치는 영향이 질적으로뿐만 아니라 양적으로도 변화했다. 인간이 하는 모든 일은 이제 지구의 나머지 부분에 직접적인 영향을 미친다. 더 이상 동네 계곡이나 마을에 숨어 아무 일 없는 듯 살 수는 없다. 그와 같은 삶을 계속 산다면 자연 자원을 파괴했던 이전 인류의 전철을 따라 사라지고 말 것이다.

다행스럽게도 변화의 조짐이 보이고 있다. 매일 들려오는 끔찍한 뉴스에도 불구하고 지구 생명체를 위한 범지구 차원의 윤리 및 법규가 이미 공식화되고 있으며, 이 분야의 연구도 속도를 내고 있다. 지구적 차원의 기후 변화 문제 해결을 위한 노력은 향후의 사태에 대한 실질적 시험대다. 범지구 생물다양성 보전을 위한 활동은 전 세계 나라를 더욱 하나로 묶어줄 것이다. 지구의 물리적 속성에 관해서는 이미 세계 여러 나라가 긴밀히 협력해 지식을 축적하고 있다. 날씨와 기후 관련 데이터는 물론 동물의 생태를 알 수 있는 식물에 관한 원격 감지 데이터도 공유하고 있다. 약 20~40년 정도 지체되었지만, 이제 동물의 생태에 관한 지식도 지구적 차원에서 축적할 수 있게 되었다. 더욱이 이제는 전 세계 동물 집단으로부터 직접 배울 수 있는 기술적 수단도 마련되어 있다.

우리는 동물과 소통할 수 있는 능력을 갖추고 있으며, 동물에게서 듣는 메시지는 인류의 미래를 더 나은 방향으로 변화시킬 잠재력을 가지고 있다. 인류를 멸종 직전까지 몰고 갔던 산업혁명의 기술적 진보는 이제 지구에 사는 다른 모든 생명체를 직접 이해하고 소통할 수 있는 길로 우리를 데리고 왔다. 이러한 새로운 능력은 생명의 체계 안에서 우리가 어떤 위치에 있는지 어떤 역할을 해야 하는지 낱낱이 이해하게 해줄 것이다. 우리는 더 이상 다른 인간 문화와 동물 세계의 정복자가 아니라 서로 대화하고 경청하는 동등한 파트너가 될 것이다.

자연이 우리에게 부여한 경계 안에서 오랜 세월 삶을 영위해온 훌륭한 원주민 문화가 있다. 오늘날 우리의 과제는 범지구적인 원주민 국가가 되는 것이다. 여기서 말하는 지구화란 차이를 지우고 모든 것을 동일하게 만드는 지구화가 아니라, 인간 공동체와 동물 공동체가 자신들에 가장 적합한 방식으로 살아가고 자신들의 지역과 환경에 가장 어울리는 삶을 사는 것을 말한다. 여기에는 우리가 자랑스러워하는 모든 지역적·문화적 차이를 유지하고 강화하는 것도 포함된다.

바로 지금 이 순간을 살고 있다는 것은 얼마나 행운인가. 우리는 최초의 범지구 국가가 될 기회가 있다. 우리가 해야 할 일은 지구의 자연법칙에 적응하는 것뿐이다. 이것이 인류세에서 종간 시대 Interspecies Age로 가는 길이며 인류가 번영할 수 있는 길이다.

이 책은 내가 성인이 된 이후 삶의 다양한 단계에서 경험한 것들을 아우른 것이기에 나와 내 생각에 영향을 준 모든 분께 일일이 감사의 인사를 드리는 것은 불가능하다. 몇몇 동료와 친구들의 이름을 적었지만, 언급하지 않은 분들이 더 많다. 여기서 언급한 분들이든 그러지 못한 분들이든, 나에게 조언해주고 배려해주고 지적해준 모든 분께 무한한 감사의 말씀을 드린다. 또한 때로는 무엇을 하지 말아야 할지를 보여줌으로써 나쁜 선생이 좋은 선생보다 더 많은 영향을 미친다는 점도 인정해야 한다.

과학자로서 나는 이 책에서 자세히 풀어놓은 생각을 포함해 인간의 사고 과정이 우리 본성의 중요한 특징이라고 본다. 따라서 다른 행동과 마찬가지로 사고 과정을 분석해 과거의 행동을 해석하고 미래의 행동을 예측할 수 있다고 생각한다. 사람이든 동물이든 어떤 개체에 대해 분석하고 예측하려면 위대한 동물행동학자 니콜라스 틴베르헌Niko Tinbergen이 공식화한 네 가지 주요 질문을 다루어야 한다. 즉, 개체의 가족적 배경은 어떠했는지(계통발생), 어린 시절과 성장 과정은 어떠했는지(개체발생), 매일매일 노출되는 자극은 무엇이었는지(인과관계), 절체절명의 순간을 포함한 특정 상황에서 어떻게 생존했는지(적응)를 파악해야 한다. 나는 이 네 가지 질문을 내 삶에 적용하고 각각의 질문에 대한 답을 찾는 데 도움을 준 사람들에게 감사의 인사를 전한다.

첫째, 계통발생이다. 내 사고 과정은 어디에서 비롯된 것일까? 두 세대에 걸쳐 계속해서 이민자 그리고 난민, 다시 이민자 그리고 다시 난민, 그리고 마지막으로 또다시 이민자로 살아온 부계 가족에게 빚을 지고 있다. 1242년 바이에른에 터를 잡고 가계를 이룬 이후 마을 사람이 쉰 명도 안 되는 동네에서 살면서 가문 대대로 집단적 지혜를 전해주신 모계 가족에게도 감사의 말씀을 드린다.

둘째, 개체발생이다. 나의 어린 시절과 성장 과정은 어땠을까? 아버지는 동물 하나하나에 귀를 기울이면 무엇을 배울 수 있는지, 또 새끼 제비는 어떻게 보살피는지, 한밤중에 오소리 가족을 어떻게 관찰하는지 꼼꼼하게 가르쳐주셨다. 할아버지와 어머니는 나치가 총부리 다섯 자루를 몸에 겨누어도 신념을 버리지 않는 것이 얼마나 중요한지 말씀해주셨다. 가톨릭 학교에 다닐 때 선생님과 친구들은 나에게 철학의 원리를 가르쳐주었지만, 자기가 속한 집단에 말도 안 되는 관행이 용인되면 절대 굴복해서는 안 된다고 가르쳐주었다.

직장에 들어가기 전 세계 곳곳을 돌아다니고 싶었기 때문에 가능한 한 빨리 대학을 건너뛰어야 했다. 친구 베른하르트 갈, 동생 토마스와 함께한 남미 여행은 확실히 내 인생을 바꾼 경험이었다.

사랑해 마지않는 사우스티롤의 바에서 휴베르트, 카를라 슈빈바흐와 함께 평일 낮을 제외하고 종일 일하면서 손님을 잘 응대하는 것의 중요성, 끊임없는 혁신의 아름다움과 즐거움, 다른 사람을 돕는 일의 뿌듯함에 대해 배웠다. 이 일을 한 덕분에 친구 한스 에클과 악셀 라베네크와 함께 새처럼 날 수 있는 방법을 배울 여유가 생겼다. 특히 먹을 것을 찾으려고 쓰레기통을 뒤지고 돌아다닐 정도로 배가 고팠던 여행길에서 나와 함께 배고픔을 나누었던 동생 토마스, 친구 한스 에클과 베른하르트 갈에게 고맙다. 알프스의 마멋, 갈라파고스의 바다사자와 바다이구아나, 자메이카의 게에 관한 생물학 현장 연구, 지비센에 있는 막스플랑크연구소 행동생태학 부서 동료들과 카페 비클러에서 토론한 것은 모두 내가 세상에 대해 생각하는 방식을 빚는 데 중요한 영향을 주었다.

셋째, 인과관계다. 매일매일 받은 자극은 어떤 것이 있을까? 대부분 연구자의 삶은 자영업과 비슷하다. 자유롭고 멋지고 엄청 열심히 일한다! 내가 유럽으로 돌아가기 전 워싱턴대학교, 스미스소니언 열대연구소, 일리노이대학교 어바나샘페인 캠퍼스, 프린스턴대학교에서 함께했던 친구들과 동료들은 나에게 귀중한 가르침을 주었다. 우리는 서로 힘을 모아 동물 인터넷의 시작을 개략적으로 정리한 문서인 이카루스 백서를 준비했다.

독일로 돌아와 유럽 한가운데에 자리한 아름다운 콘스탄츠호수 근처에 살면서 문화는 내 삶에서 더욱 중요한 일부가 되었다. 막스플랑크 조류학연구소 친구들과 동료들의 깊은 통찰력 덕분에 동물의 세계를 더 깊이 파고들 수 있는 재미있고 생산적인 장소인 막스플랑크 동물행동학연구소를 설립할 수 있었다. 부탄에 사는 친구 셰룹과 나왕 노르부의 영적 가르침은 특히 강렬했다. 과학적 사실 너머를 보는 남다른 사유의 통찰력을 선사한 콘스탄츠 지역의 친구들인 실비아, 마인라트 아르놀트, 가브리엘라, 한네스 폰 비츨레벤, 클라우디아 존데르스, 얀 도델, 에바 회프만 도델에게 특별한 감사를 표한다. 특히 어려움이 닥쳐도 즐겁게 받아들이면 모든 일이 잘 풀린다는 것을 항상 상기시켜주는 사랑하는 나의 동반자 우쉬 뮐러, 언제나 활기가 넘치는 라이넬란데르에게도 감사의 마음을 전한다.

넷째, 적응력이다. 어떻게 살아남을 수 있었으며 그 과정에서 절체절명의 순간은 어떤 것이 있었을까? 콜레라가 창궐했을 때 단 하루 만에 내 몸에 12리터의 식염수를 주입해준 찰스다윈연구소의 동료들에게 큰 빚을 지고 있다. 말라리아에 걸렸을 때 베네수엘라의 로라이마산에서 데리고 내려와준 베른하르트와 토마스에게도 고마움을 전한다. 페루 팅고마리아 근처에서 반정부단체인 센데로 루미노소의 부대를 피해 방어벽을 통과해야 할 때도 베른하르트는 내 곁에 있었다. 엘라 하우는 갈라파고스에서 피가 흐르는 넙다리동맥을 지혈해주었다. 아울러 우리를 촬영하는 헬리콥터가 내가 탄 세스나 비행기 바로 앞을 날아갈 때 저공 실속失速하는 세스나를 피해준 황새 덕분에 살아남을 수 있었다. 이 사건과 몇몇 다른 사건들은 나에게 인생을 즐기고, 새처럼 살며, 매일에 감사하는 법을 가르쳐주었다.

앞에서 말했듯 내 인생에서 중요한 가르침을 주신 분들이 너무 많아서 일일이 다 거론할 수는 없지만, 이 자리를 빌려 그분들께 감사의 인사를 드린다.

마지막으로 이 책을 만들어준 그레이스톤 팀에게 감사의 말씀을 전한다. 책을 쓸 것을 권하고 용기를 불어넣어준 롭 샌더스, 꼼꼼하게 편집을 해준 돈 뢰벤, 책을 아름답게 만들어준 디자인 팀에 감사드린다. 특히 훌륭한 편집과 창작 과정 전반에 걸쳐 멋진 협업을 보여준 제인 빌링허스트에게 감사하다.

"정말 몇날 며칠을 집에도 가지 못하고 계속 새를 관찰하나요?"

언젠가 현장에서 새를 연구하는 생물학자를 만났을 때 경외심 반 호기심 반으로 던진 질문이었다. 지금 생각해보면 조금 부끄러운 이야기다. 당연하게도 돌아온 대답은 몇날 며칠의 문제가 아니었다. 오랜 시간 기다리고 관찰하기, 귀 기울여 듣기, 교감하고 친밀해지기…. 자연으로부터 멀어질 대로 멀어진 우리는 여러모로 낭만적 사랑을 닮은 현장 생물학자들의 연구와 노고 덕분에 자연과 동물의 삶을 엿보고 이해할 수 있는 것인지도 모른다.

하지만 오랜 세월 현장 생물학자로 살아오면서 다양한 생물을 연구해온 지은이는 여기에 머무르지 않는다. 어떤 한 장소에서 특정 종을 연구하는 현장 생태학의 한계를 넘어 새로운 차원의 지구 생태학으로 향하는 길목에서 스스로에게 다음과 같은 질문을 던진다. 갈라파고스 제도의 헤노베사섬이나 파나마의 바로콜로라도섬 같은 인간의 손이 닿지 않는 고립된 (그리고 "많은 종이 살 만큼 크면서도… 동물들을 지속적으로 추적해 이들의 상호작용을 연구할 수 있을 만큼은 작"은) 곳에서 동물을 관찰하는 것으로 동물의 이동과 다양한 종들의 상호작용, 이 지구를 촘촘히 엮는 거대한 생명의 연결망을 알 수 있을까? 현장 생태학자들의 눈을 벗어났을 때 동물들이 어떻게 일상을 살아갈까? "태어나서 죽음에 이르기까지 이어지는 개별 동물의 운명을 모른다면 어떻게 전 지구를 아우르는 동물 생태학이 발전할 수 있을까? 이 동물의 습성은 무엇이고, 어디에 살고 싶어 하며, 어떤 서식지가 필요하고, 종들 사이의 관계는 어떤지를 이해하지 못하면 무슨 의미가 있을까?" 섬과 같은 고립된 곳에서 이루어지는 연구로는 결코 알 수 없는 거대한 생명의 연결성, 그것이 바로 지은이가 찾고자 한 것이었다.

막스플랑크연구소에서 이카루스 프로젝트를 진두지휘하는 지은이의 여정을 담은 이 책은 현장에서 동물들에 인식표를 달아 그들의 삶과 생태를 추적하고, 자동차에 수신 안테나를 달아 수천 킬로미터를 이동하는 지빠귀를 토네이도 추적자처럼 밤새도록 쫓던 시절부터 생명의 거대한 연결망을 이해하기 위한 '동물 인터넷'을 구상하고 실현하는 과정을 고스란히 담고 있다. 특히 무게가 2그램에 불과한 쿠바의 벌새에서부터 잠자리, 그리고 날개 길이만 3미터에 달하는 히말라야독수리까지 수많은 동물에게 적합한 인식표 추적기를 제작하는 이야기와 이카루스 위성을 발사하기 위해 미국항공우주국, 유럽, 러시아를 오가며 우주 공학자들과 협력하는 이야기는 너무나 극적이어서 한 편의 드라마를 보는 듯하다.

지은이는 지구상에서 가장 지능적인 센서이자 살아 있는 노드인 동물에서 흘러나오는 수많은 정보를 이카루스 인식표로 통합해 동물 인터넷을 구축했다. 이를 통해 우리는 살아 있는 존재의 껍데기가 아니라 지구 행성의 생동감 넘치는 맥박을 듣게 될 것이라고 말한다. 이 지구에서 인간들과 함께 아주 오랜 세월 이 지구에서 생존하면서 축적해온 동물들의 지식 네트워크와 문화와 공동의 지식 저장소에 접근할 수 있는 기회가 동물 인터넷으로 인해 처음 가시화되고 있다는 이야기다. 이 동물 인터넷에서 우리는 무엇을 보고 듣게 될까? 그리고 우리 인류는 무엇을 깨닫게 될까?

인간이 처음으로 지구를 벗어나 우주 공간으로 나간 인류사적 사건인 1957년 스푸트니크호 발사를 이야기하면서 철학자 한나 아렌트는 당시 분위기에 대해 인류가 "지구라는 감옥에서 탈출"할 수 있다는 "안도감"을 느끼는 것 같다고 말했다.☆ 과연 인류는 가장 핵심적인 '인간 조건'인 지구에서 벗어날 수 있을까? 언제쯤 우리 인간은 우리 자신의 정체와 그간 지구에서 벌인 행적의 의미에 대해 알게 될까? 누군가는 머나먼 우주에서 지적생명체를 발견하는 날 우리 자신에 대해 다시 성찰하게 될 것이라고 말한다. 하지만 지은이는 수십 년간 지구 밖 우주에서 지적생명체를 찾기 위해 노력했던 전파천문학자 조지 스웬슨의 말을 빌려 말한다. 먼 우주가 아니라 바로 지금 우리가 발 딛고 서 있는 이 지구라는 행성에서 함께 거주하는 지구 생명체로 눈을 돌려야 한다고 말이다. 인류에게는 숙명과도 같은 '인간 조건'인 지구로 다시 돌아와야 한다는

☆ 한나 아렌트, 《인간의 조건》, 이진우 옮김, 한길사, 2019, 49~50쪽.

이야기다. 수십 년간 생물학자로 살아오며 범지구적 동물 인터넷 프로젝트를 추진하고 있고 있는 지은이는 "동물의 목소리에 귀 기울이는 것은 사실 지구 밖 우주에서 들려온 그 어떤 메시지보다 인간의 사고방식을 더 근본적으로 뒤바꿀 것"이라고 말한다.

팬데믹으로 인류가 일시 정지된 기간 동안 지진학자들이 듣고 발견한 것은 전 지구적 차원의 '고요'였다고 한다. 땅과 바다와 하늘 그리고 이 지구에서 인간은 그동안 얼마나 소란스러운 존재였을까? 믿을 수 없이 소란스럽고 뜨겁게 움직이고, 지칠 줄 모르게 자연을 닦달하고 야단법석을 일삼아온 인류의 뒤통수를 한 대 후려친 팬데믹은 우리에게 무엇을 남겼을까? 마이크 타이슨은 이렇게 말했다. "누구나 다 그럴싸한 계획이 있다. 한 대 처맞기 전까지는." 팬데믹과 기후 변화와 멸종위기와 생명다양성 상실이라는 자연의 무자비한 어퍼컷과 훅과 스트레이트 펀치가 계속 이어지고 있다. 그럼에도 인간은 자연에 눈길을 보내지도, 다른 종의 목소리에 귀 기울이려 하지도 않는다. 누군가는 '우리가 지구를 위해 슬퍼하기 전에는 지구를 사랑할 수 없을 것'이라고 경고한다. 이제 머지않아 인류는 거대한 파국의 슬픔을 급작스럽게 맞이할지도 모른다. 그렇게 맞닥뜨린 재앙에 슬퍼하기 전에 우리와 함께 사는 생명체들에게서 '경이'와 '즐거움'과 '지혜'를 경청해야 한다고, 이들과 함께 더불어 사는 법을 배워야 한다고 이 책은 역설하고 있다.

2024년 10월
박래선

초기 이카루스 프로젝트

이 초창기 프로젝트는 탐험과 지식으로 가득한
새로운 시대의 서막을 알리는 예고일 뿐이다.

검은등제비갈매기의 일생

남대서양의 어센션섬 그리고 폴리네시아와 세이셸의 검은등제비갈매기

검은등제비갈매기는 전 세계 열대 및 아열대 바다에서 발견된다. 검은색과 흰색이 어우러진 이 매력 넘치는 새는 일생의 대부분을 바다에서 보내며 작은 물고기, 오징어, 게 등을 먹이로 삼는다. 번식할 때만 해안으로 오는데, 이때 100만 마리 정도가 모여 거대한 군집을 형성한다. 대부분의 개체군이 12개월 간격으로 번식을 하지만, 대서양 어센션섬의 검은등제비갈매기는 9개월마다 번식을 한다. 왜 이런 차이가 있는지 아직 분명하지 않다. 연구자들은 이카루스 발신기를 이용해 이 수수께끼를 풀고 검은등제비갈매기가 어떻게 드넓은 바다를 건너 고향 섬으로 돌아오는지 알아내고자 한다. 또한 어린 제비갈매기가 실제로 4년 동안 공중에서만 사는지, 그리고 어디로 날아가는지도 알고 싶어 한다.

명금류의 지구적 이동

독일, 러시아, 북미, 티베트의 대륙검은지빠귀와 개똥지빠귀

매해 수십억 마리의 명금류들이 두 차례 대륙을 오가며 이동한다. 하지만 모든 철새가 매년 이동하는 것은 아니다. 일부는 그냥 자신이 있는 곳에 머물기도 한다. 이러한 부분적 이동은 이동과 정주 사이의 전환점을 나타낸다. 이전에는 1년 내내 명금류를 추적할 수 있는 적합한 기술이 없었기 때문에 같은 종의 새라도 어떤 새는 이동하고 어떤 새는 태어난 곳에 머무르는 이유를 알 수 없었다. 개체군의 일부만 이동하고 나머지는 머무는 현상에 관한 지식은 새가 이동하는 이유를 이해하는 데 도움이 된다. 이와 같은 지식으로 비번식기의 환경 조건이 어떻게 조정 전략으로 이어지는지, 그리고 기후 변화나 토지 이용 변화(예를 들어 도시화)와 같은 지구 환경 변화가 전반적으로 새들의 이동 전략에 어느 정도나 영향을 미치는지를 알 수 있을 것이다.

해충을 방제하는 등 인간에게 필수적인 생태계 서비스를 제공하는 명금류는 지난 20년 동안 그 수가 30퍼센트 감소했다. 하지만 명금류를 보호하는 뾰족한 방법은 아직 없다. 이카루스 팀은 시범 프로젝트로 유라시아, 러시아, 아메리카 대륙에서 5000마리의 대륙검은지빠귀와 개똥지빠귀를 추적해 이 새들이 어디서 살고 죽는지, 어떻게 보호할 수 있는지 파악할 계획이다. 또한 극지방, 온대지방 혹은 지중해 지역에 서식하는 명금류가 이동을 결정하는 데 얼마나 유연하게 대응하는지 파악하려고 한다. 연구진은 철새들이 환경의 변화를 어떻게 극복하는지, 그리고 기후 변화나 도시화와 같은 변

화에 충분히 신속하게 대응할 수 있는지를 이해하고자 한다.

청소년기 동물들의 여행

캄차카의 곰, 중앙아메리카의 퓨마, 플로리다의 거북, 갈라파고스땅거북, 나미비아의 치타

대부분의 동물에게 가장 힘든 시기는 청소년기가 되어 태어난 지역을 떠날 때다. 많은 종에서 청소년기의 동물이 어디로 가는지 또 어떤 경로로 이동하는지 알려지지 않았다. 대부분의 개체가 이 시기에 죽는다. 이카루스는 포유류의 경우 장시간 지속되는 귀표를 달고, 바다거북, 땅거북, 바닷새에게는 소형 태양광 인식표를 달아 이 '잃어버린 시기'를 연구할 계획이다. 이 프로젝트는 많은 부분이 수수께끼로 남은 어린 동물의 삶을 이해하고, 멸종위기종을 보호하는 데 도움이 될 것이다.

유인원의 구조 요청

동남아시아의 오랑우탄

인간과 가장 가까운 친척 동물인 침팬지는 야생에서 멸종위기에 처해 있지만, 우리가 지속적으로 연구하는 곳에서는 대체로 번식하면서 잘 살고 있다. 더불어 고아가 되거나 재활을 마친 수천 마리의 유인원이 야생으로 돌아갈 날을 기다리고 있다. 하지만 일단 인식표를 부착해 이들을 제대로 보호해야 한다. 이카루스는 유인원이 도움을 요청할 수 있도록 통신 발찌를 맞춤 제작할 계획이다. 이러한 노력의 중심에는 윤리적 배려가 있다.

인간과 동물의 움직임

부탄, 사헬, 동아프리카, 아시아의 건조지대의 가축들

역사적으로 유목민들은 가축과 함께 여기저기 돌아다니며 이동해왔다. 세계의 일부 오지에서는 아직도 인간과 동물이 함께 이동하는 것을 볼 수 있다. 누가 누구를 안내하고, 누가 누구로부터 배울까? 과학자들은 이렇듯 오지에서 유목민들과 가축이 함께 이동하는 것을 연구한다.

동물 공원관리원ranger

남아프리카 크루거국립공원과 케냐의 대형 포유류

공원관리원은 전 세계 대부분의 지역에서 밀렵꾼 및 기타 위협으로부터 야생동물을 보호하는 데 중요한 역할을 한다. 공원관리원은 항상 야생에 나가 감시할 수 없지만, 동물들은 그렇지 않다. 동물 공원관리원은 포식자뿐만 아니라 인간 밀렵꾼에게 경고하는 데 보탬이 될 수 있다. 연구자들은 밀렵꾼이 움직이는 때를 동물 집단을 통해 알 수 있는 방법을 개발했다.

팬데믹 경계경보

잠비아, 가나, 르완다의 박쥐

인간은 곳곳에서 야생동물의 삶을 침해하고 있다. 이로 인해 병원균이 종의 장벽을 넘어 동물에서 인간으로 옮겨지기도 한다. 팬데믹의 장본인으로 보통 박쥐가 지목되지만, 대부분 억울한 누명을 쓰는 경우가 많다. 인간과 건강한 생태계 사이의 주요 연결고리를 밝히려면 박쥐가 다른 야생동물 그리고 인간과 어떤 상호작용을 하는지, 그리고 이러한 상호작용이 어디서 일어나는지 더 자세히 알아야 한다.

섭금류의 비행 경로 보호하기

호주와 동아시아의 섭금류

동아시아와 호주를 오가는 이동 경로는 철새들에게 가장 위험한 경로 중 하나다. 도시 개발이 진행되면서 아시아의 집결지가 점점 사라지고 있다. 대부분의 철새 종이 감소하고 있으며, 많은 철새가 위협을 받고 있다. 섭금류도 영향을 받고 있다. 이들 섭금류에는 마도요curlew, 물떼새plover, 북극제비갈매기arctic tern와 같이 널리 알려진 종들이 있다. 이카루스는 섭금류를 보호하기 위해 이들의 이동 경로를 밝히고 주요 집결지를 파악하려고 한다.

생태계에서 과일박쥐fruit bat의 역할

서아프리카의 과일박쥐

과일박쥐는 대부분 이동성이 엄청나다. 잠자리에서 출발해 먹이를 먹는 곳까지 갔다 오는 여정이 하룻밤에 100킬로미터가 넘는 박쥐도 있다. 과일박쥐는 꽃가루와 씨앗을 먼 거리까지 운반하기 때문에 식물의 수분과 번식, 숲의 자연 재생과 인간의 영양에 핵심적 역할을 한다. 또한 항체 보유나 DNA 단편과 같은 간접적 증거를 통한 것이 대부분이긴 하지만, 질병과 관련해 과일박쥐가 점점 더 많이 언급되는 추세다. 우리는 어디에서 질병과의 접촉이 발생

하는지 파악하기 위해 과일박쥐의 이동과 생태를 추적하고, 과일
박쥐가 아닌 진정한 숙주에 의한 질병의 전파 또는 확산 가능성을
이해함으로써 과일박쥐의 바이러스 연구에 더욱 총체적으로 접근
하고자 한다. 생태계의 핵심 종인 박쥐의 역할을 이해하려면 박쥐
의 이동 행동에 대한 상세한 지식이 중요하다. 연구자들은 또한 사
냥과 서식지 파괴가 박쥐의 개체 수에 미치는 영향에 대해 아는 바
가 거의 없다.

볏짚색과일박쥐는 아프리카에서 가장 흔한 과일박쥐로 계절에
따라 거대하게 무리 짓는다. 그러나 이 박쥐 군집이 어떻게 연결
되어 있는지, 아프리카 대륙 곳곳에서 볏짚색과일박쥐가 나타나는
장소와 시기, 생태계에서의 박쥐의 역할에 대해서는 알려진 바가
거의 없다. 이 모든 물음은 개체를 추적해야만 답을 찾을 수 있다.
우리는 아프리카 전역에서 이들의 이동을 모니터링하기 위해 볏짚
색과일박쥐에 이카루스 인식표를 부착할 것이다. 이 인식표는 이
카루스 위성과 정기적으로 통신하고 데이터를 업로드해 외딴 지역
의 동물을 고해상도 GPS로 추적할 수 있다.

낯선 지형의 어린 포식자

중남미의 재규어

아직 성숙하지 않은 포식자가 어미를 떠나면 새로운 영역을 찾
아야 한다. 따라서 한 종의 다양한 개체군이 서로 만나고 그 과정
에서 완전히 새로운 개체군이 형성될 수도 있다. 넓은 지역을 두루
이동하는 청소년기의 동물들은 때로 인간이 정착하거나 개발한 지

역을 통과하기도 한다. 허나 어린 동물들은 경험이 부족하다. 나고 자란 고향에 익숙할 뿐 인간 거주지 같은 다른 환경에서 어떻게 위험을 피해야 하는지 거의 알지 못한다. 연구자들은 이카루스 발신기를 부착해 도로와 도시 정착지가 생기면서 잘려나간 지형에서 어린 재규어가 어떻게 이동하는지를 파악하려고 한다. 이를 통해 재규어가 이동 경로를 선택할 때 어떤 기준을 사용하는지 알 수 있을 것이다. 재규어에게는 인간 거주지 주변을 돌아다니는 동종의 동물이 특히 위험한데, 발신기에 탑재된 근접 센서는 재규어가 이런 위험에 어떻게 반응하는지를 기록할 것이다.

여행하는 오리

시베리아의 오리

수십억 마리의 오리가 시베리아에서 번식하고 겨울을 나기 위해 아프리카, 아시아 또는 동남아시아의 열대지방을 향해 남쪽으로 이동한다. 고방오리Anas acuta는 이를테면 번식기의 시작과 끝에 이동을 하는 반면, 청둥오리Anas platyrhynchos는 시기에 구애받지 않고 훨씬 더 자유롭게 여러 장소를 오가는 것으로 보인다. 청둥오리가 어떤 경로를 통해 이동하는지, 어디를 경유하는지, 다양한 오리 개체군이 서로 어떻게 연결되어 있는지에 대해서는 알려진 바가 거의 없다. 그럼에도 이러한 정보는 동물과 서식지를 보호하고, 감염병의 확산을 방지하기 위해 점점 더 중요해지고 있다. 오리는 조류독감 바이러스와 내성균 등 수많은 전염성 병원균의 잠재적 보관자이자 매개체이기 때문이다. 이카루스 프로젝트의 과학자들은 시베리아를 향해 북쪽으로 이동하는 지점 곳곳에서 가장 흔한 두 종의 오리 개체에 발신기를 부착하려고 한다. 아울러 이들 새를 대상으로 병원균 검사를 할 것이다. 더 나아가 체온을 측정해 발열 시기를 파악하고 신체 가속도를 측정해 에너지 소비량을 파악할 것이다.

고아가 된 곰

루마니아, 미국, 캐나다의 큰곰

인간의 손에 의해 자란 새끼 곰이 야생에 방사되면 어떻게 적응할까? 연구자들은 이카루스 발신기를 통해 새끼 곰의 움직임을 추적하고 재도입 프로그램reintroduction program☆의 성공 여부를 평가할 수 있다.

아프리카로 혼자 날아가기

유럽과 아프리카의 뻐꾸기

명금류의 이동은 가장 놀라운 자연 현상 중 하나다. 어떻게 새들이 수년 동안 함께 여행을 떠나고 같은 장소에 도착하는지 놀라울 따름이다. 심지어 어린 새들도 혼자서 수천 킬로미터를 이동해 이전에 한 번도 가본 적 없는 월동지를 찾기도 한다. 엄청난 거리를 이동하는 새를 추적하는 것은 어렵기 때문에 여전히 조류 이동의

☆ 멸종위기 동물을 안정된 환경에서 보호하고 번식시킨 다음 야생으로 다시 방사하는 프로그램이다.

세부적인 내용은 많은 부분이 수수께끼로 남아 있다. 과학자들은 이카루스를 사용해 이동 경험이 풍부한 동료도 없이 혈혈단신으로 이동하는 다양한 종의 어린 뻐꾸기를 추적할 수 있게 되었다. 이를 통해 연구자들은 새들이 비행 방향을 찾는 데 무엇을 사용하는지, 그리고 진화 과정에서 새들이 어떻게 경로를 찾게 되었는지를 알 수 있다. 또한 어린 뻐꾸기가 경로에서 벗어난 경우 비행 방향을 조정할 수 있는지 여부와 어느 정도 나이부터 이런 조정이 가능한지도 평가할 수 있다. 여기서 나온 결과를 가지고 과학자들은 더 가벼운 발신기를 작은 명금류에 부착해서 다른 철새들에게도 적용할 수 있는지 확인할 계획이다. 작은 새들의 짧은 세대 주기는 환경 변화가 생존과 번식 능력에 미치는 영향을 분석하는 데 더 유리한 조건이 된다.

영양 보호하기

카자흐스탄과 몽골의 사이가산양saiga tatarica

사이가산양은 1920년대에 멸종 직전까지 갔다. 이후 개체 수가 회복되어 거의 200만 마리에 달했다. 하지만 최근 몇 년간 무분별한 밀렵과 서식지 손실로 인해 사이가산양의 개체 수가 다시 급감했다. 설상가상으로 2015년부터는 치명적인 전염병에 시달리고 있다. 이카루스는 멸종위기 직전에 있는 영양을 보호하는 것을 목표로 하고 있다. 이카루스를 통해 얻은 데이터는 영양의 생존에 중요한 지역이 어디인지 알려줄 것이다. 이를 통해 보호구역을 마련해 번식기에 있는 영양이 새끼를 출산하거나 이동하는 도중에 대피할 수 있게 할 것이다.

가족 문제

전 세계 15종의 두루미

명금류와 달리 두루미 가족은 새끼들과 처음 이동하는 기간에는 함께 머무르며 때로는 더 오랫동안 머물기도 한다. 과학자들은 부모 두루미가 이동과 먹이 장소에 대한 지식을 새끼 두루미에게 전수하는 것으로 추정하고 있다. 이동 경로와 시간은 개체들 사이에서 일정하다. 하지만 많은 종에서 어린 두루미가 부모와 떨어진 뒤에도 부모와 동일한 비행 경로와 시간을 따라 이동하는지는 아직 밝혀지지 않았다. 이카루스 연구자들은 두루미 가족의 비행 경로를 전 생애에 걸쳐 관찰하려고 한다. 번식지에 있는 다양한 두루미종에 발신기를 부착해 월동지로 떠나는 첫 번째 여행에서 가족 구성원들의 이동 경로를 비교하고 있다. 또한 히말라야를 넘어가는 두루미의 놀라운 비행을 포함해 어떤 요인이 이동 시기에 영향을 미치는지, 어떤 개체가 비행을 이끄는지도 탐구하고 있다. 아울러 어린 두루미가 부모 두루미와 언제 어떻게 떨어지는지, 헤어진 뒤 가족들이 어떻게 다시 서로를 찾는지 파악하려고 한다. 이러한 연구 결과는 멸종위기에 처한 두루미 종을 보다 효과적으로 보호하는 데 도움이 될 것이다.

찾아보기

지은이 **마르틴 비켈스키** Martin Wikelski

독일 막스플랑크동물행동연구소 소장이자 콘스탄츠대학교 생태학 교수다. 미국 프린스 턴대학교와 일리노이대학교 조교수를 역임했다. 동물 지능 센서 네트워크인 '동물 인터 넷'을 구축하고 전 세계 동물을 보호하는 것을 목표로 연구하고 있다. 인류 역사상 최초 로 우주에서 동물을 지속적으로 추적하는 시스템인 이카루스(ICARUS) 프로젝트를 개 척했으며, 이를 통해 현장 연구에 머물렀던 동물 연구를 지구라는 행성 단위로 개혁해 동물 관찰 및 보존의 새로운 지평을 열었다.

독일 동물학회의 니코틴베르겐상(1998년)과 미국 통합 및 비교 생물학회의 바르톨로 뮤상(2000년)을 수상했다. 2008년 내셔널 지오그래픽 협회 '떠오르는 탐험가' 선정, 2010년 전 세계 동물 이동 연구에 기여한 공로를 인정받아 '올해의 모험가'로 선정되었 다. 2014년 독일 국립과학아카데미인 레오폴디나 회원으로 선출되었고, 2016년 막스플 랑크 연구상, 2021년 바덴뷔르템베르크주 최고 영예인 공로훈장을 받았다. 《뉴욕타임 스》,《애틀랜틱》,《위싱턴포스트》,《내셔널지오그래픽》등 유력 언론을 통해 전 세계에 그의 활동과 업적이 소개되었다.

옮긴이 **박래선**

서강대학교 대학원에서 사회학을 공부했다. 오랫동안 교양과학책을 기획하고 편집했다. 옮긴 책으로는 제임스 글릭의 《카오스》,《인포메이션》, 톰 머스틸의 《고래와 대화하는 방 법》이 있다.

지구를 살릴 세계 최초 동물 네트워크 개발기

동물 인터넷

1판 1쇄 발행일 2024년 11월 11일

지은이 마르틴 비켈스키
옮긴이 박래선

발행인 김학원
발행처 (주)휴머니스트출판그룹
출판등록 제313-2007-000007호(2007년 1월 5일)
주소 (03991) 서울시 마포구 동교로23길 76(연남동)
전화 02-335-4422 **팩스** 02-334-3427
저자·독자 서비스 humanist@humanistbooks.com
홈페이지 www.humanistbooks.com
유튜브 youtube.com/user/humanistma **포스트** post.naver.com/hmcv
페이스북 facebook.com/hmcv2001 **인스타그램** @humanist_insta

편집주간 황서현 **기획** 최현경 **편집** 정일웅 **디자인** 김태형
조판 아틀리에 **용지** 화인페이퍼 **인쇄** 청아디앤피 **제본** 민성사